Rolf Froböse
Der Halleysche Komet

Rolf Froböse

Der Halleysche Komet

1985
Verlag Harri Deutsch · Thun und Frankfurt am Main

Dr. Rolf Froböse, Jahrgang 1949, ist wissenschaftlicher Autor am Gmelin-Institut der Max-Planck-Gesellschaft in Frankfurt am Main und freier Mitarbeiter bei verschiedenen populärwissenschaftlichen Zeitschriften.

Titelbild: Ein Komet als Unglücksbote.
Der französische Karikaturist Honoré Daumier (1808—1879) verhöhnte den Aberglauben seiner Epoche.

CIP-Kurztitelaufnahme der Deutschen Bibliothek

Froböse, Rolf:
Der Halleysche Komet / Rolf Froböse. — Thun ;
Frankfurt am Main : Deutsch, 1985.
ISBN 3 87144 837 0

Herstellung: Fuldaer Verlagsanstalt GmbH, Fulda
Printed in Germany

INHALTSVERZEICHNIS

Vorwort:

Im November 1835 war in Amerika der Halleysche Komet zu sehen. Im gleichen Monat erblickte Samuel Langhorne Clemens in der Kleinstadt Florida im Staate Missouri das Licht der Welt. Einen Tag nachdem der Halleysche Komet wieder am Himmel erschienen war, schloß Samuel L. Clemens die Augen. Er starb am 21. April 1910. Der unter dem Pseudonym Mark Twain weltweit bekannte Schriftsteller hatte sich stets gewünscht, in der Nacht der Wiederkehr des Halleyschen Kometen sterben zu dürfen. Er glaubte an eine geheime Verwandtschaft. Einem seiner engsten Freunde schrieb er: „Er erschien mir stets als irgendein großes Lebewesen von einem anderen Planeten, jedoch niemals von dieser Menschenerde", (aus „Mark Twain", Heitere Geschichten, Horst Erdmann Verlag, Tübingen und Basel, 1969 S. 7/8).

Seit Oktober 1982 haben ihn die Astronomen nun wieder im Visier, den berühmten Schweifstern, der zuletzt im Jahre 1910 gesichtet wurde und dessen periodisches Erscheinen sich bis in die vorchristliche Zeit zurückverfolgen läßt. Wissenschaftler und Hobbyastronomen in aller Welt warten gleichermaßen ungeduldig auf den herannahenden „Halley". Für sie sind Kometen keine geheimnisvollen Eindringlinge oder gar Unglücksboten sondern natürliche Raumsonden, die Materie aus den Tiefen des Alls bisweilen unmittelbar „vor unsere Haustür" befördern - sofern man kosmische Maßstäbe ansetzt.

Kometen sind so alt wie das Sonnensystem und haben, da sie sich den größten Teil ihres „Lebens" fernab der Sonne aufhielten, die Urmaterie weitestgehend konservieren können. Nur auf dem sonnennächsten Abschnitt ihrer Bahn, wenn sich Schweif und Koma entwickeln, offenbaren sie uns ihre Natur. Dieser Augenblick ist die „Sternstunde" der Kosmochemie, denn jeder Komet stellt ein kosmisches Laboratorium mit ungewöhnlichen und stark variablen Zustandsgrößen dar.

Anhand eines historischen Überblicks wird zunächst aufgezeigt, wie aus dem „kosmischen Vagabunden Halley" ein kalkulierbarer Himmelskörper wurde. Kapitel 2 befaßt sich überwiegend mit der Physik und Chemie des Kometen. Ein Beobachtungsfahrplan (Kapitel 3) gibt einen Überblick über die diesmalige Erscheinung. Schließlich werden die internationalen Raumfahrtmissionen kurz vorgestellt (Kapitel 4). Detaillierte Sternkarten sind im Anhang wiedergegeben und sollen zu eigenen Aktivitäten anregen. Auf diese Weise möchte ich sowohl den interessierten Laien als auch Hobbyastronomen ansprechen. Obwohl es mir ein Anliegen war, das Buch möglichst allgemeinverständlich abzufassen, waren einige Fachausdrücke im Text nicht zu vermeiden. Für diese Begriffe befindet sich im Anhang ein Glossar.

Für zahlreiche Hinweise und nützliche Diskussionen möchte ich den Herren Hans Rolf Henkel und Dr. Bernd Wöbke herzlich danken. Das gleiche gilt auch meiner lieben Frau Gabriele, die das Manuskript in eine lesbare Form brachte und dem Text durch stilistische Korrekturen den letzten Schliff gab. Schließlich möchte ich den Mitarbeitern des Verlages Harri Deutsch für die ausgezeichnete Zusammenarbeit danken.

Nauheim, im Dezember 1984 Rolf Froböse

1. Historisches

Zu Beginn des Jahres 1986 findet ein astronomisches Ereignis statt, das ein Mensch in der Regel nur ein einziges Mal in seinem Leben bewußt erleben kann - die Wiederkehr des Halleyschen Kometen. Dieser auffällige Schweifstern sorgte zuletzt im Jahre 1910 für Aufsehen und Unruhe. Nach 76 Jahren nähert er sich nun erneut der Sonne.

Wirft man einen Blick in die Geschichte, so stößt man auf die heute merkwürdig anmutende Vorstellung, daß Kometen gewöhnlich als Vorboten für herannahendes Unheil, wie Hungersnöte, Kriege und Seuchen betrachtet wurden. Wer diese Vorstellungen belächelt, sollte sich stets vor Augen halten, daß in den vergangenen Jahrhunderten Astronomie und Astrologie eng miteinander verwoben waren - in der Tat ging die Astronomie ja einst aus der Astrologie hervor.

Da man in damaligen Zeiten über die Bahnen der Kometen nichts wußte, sie also völlig unberechenbar waren, brachten sie einen gewissen Tumult in den scheinbar geordneten (und von Gott gewollten) Lauf der Gestirne. Das plötzliche Auftauchen eines Kometen konnte daher nur ein Fingerzeig Gottes sein, und je auffälliger die Erscheinung war, desto bedeutsamer mußte sie sein.

Edmond Halley (1656 - 1742) stellte im Jahre 1705 eine kühne, wenn auch nicht völlig neue These auf. Gestützt auf Bahnberechnungen sagte er die Wiederkehr eines Kometen mit einer rund 76-jährigen Umlaufzeit für das Jahr 1758 richtig voraus.

1.1 Frühe Sichtungen des Halleyschen Kometen

In jüngster Zeit hat man die Periheldurchgänge des Halleyschen Kometen bis in die vorchristliche Zeit zurückberechnet (siehe Tabelle 1). Eine

Untersuchung des Chinesen Y.C. Chang reicht sogar rund 3000 Jahre in die Vergangenheit zurück; sie wurde kürzlich in der Acta Astronomica Sinica publiziert.

Tabelle 1: Periheldurchgänge des Halleyschen Kometen von 87 v. Chr. bis 2061 n. Chr.

6. Aug.	87	21. Mrz.	1066
11. Okt.	12	19. Apr.	1145
26. Jan.	66 n. Chr.	29. Sep.	1222
22. Mrz.	141	26. Okt.	1301
18. Mai	218	11. Nov.	1378
20. Apr.	295	10. Jun.	1456
16. Feb.	374	26. Aug.	1531
28. Jun.	451	27. Okt.	1607
27. Sep.	530	15. Sep.	1682
15. Mrz.	607	13. Mrz.	1759
3. Okt.	684	16. Nov.	1835
21. Mai	760	20. Apr.	1910
28. Feb.	837	10. Feb.	1986
19. Jul.	912	29. Jul.	2061
6. Sep.	989		

Beim Forschen in verschiedenen historischen Quellen stellte sich überraschenderweise heraus, daß sich fast alle rechnerisch ermittelten Periheldurchgänge auch durch Beobachtungen bestätigen lassen. Umfangreiche Aufzeichnungen über astronomische Beobachtungen, insbesondere von neuen Sternen und Kometen, finden sich vor allem in den chinesischen Annalen. Sie bieten wertvolles Material, um langfristige Veränderungen der Kometenbahnen, die ja großen Störungen durch die Planeten unterliegen können, zu studieren.

Beim Studium sehr früher chinesischer Quellen stieß Y.C. Chang auf eine nicht exakt datierte Beobachtung, die er dem Erscheinen des Halleyschen Kometen im Winter 1058/57 v. Chr. zuschreibt. Diese Quelle erwähnt den Kometen im Zusammenhang mit dem siegreichen Feldzug des Wuwang gegen den letzten Shang-Herrscher Zhou, der zum Sturz der alten Dynastie führte. Wenn Changs ein wenig gewagte Zuordnung richtig ist, dann wäre die derzeitige Reise des Kometen Halley in unser Sonnensystem mindestens die einundvierzigste.

Indessen hat der amerikanische Astronom Donald Yeomans vom Jet Propulsion Laboratory die Identifizierungen von Y.C. Chang mit der offensichtlich berechtigten Begründung angezweifelt, daß seine Methode der Bahnbestimmung nicht die Störungen einbezieht, denen der Komet bei nahen Vorbeigängen an der Erde in den Jahren 374, 607 und 837 n. Chr. ausgesetzt war. Yeomans zufolge könnten diese das Erscheinen des Kometen bis ins Jahr 1059 v. Chr. zurückverlegen und den erwähnten historischen Zusammenhang in Frage stellen.

Einen chinesischen Bericht aus dem Jahre 240 v. Chr., der oftmals als die älteste gesicherte Sichtung hingestellt wird, hält Yeomans zwar für möglich, aber nicht beweiskräftig genug. Die erste einigermaßen gesicherte Aufzeichung ist seinem Urteil zufolge in einem Buch über die Han-Dynastie enthalten. Sie bezieht sich auf das Jahr 87 v. Chr..

Grundsätzlich ergibt sich jedoch bei der Interpretation historischer - insbesondere vorchristlicher Quellen - ein Problem, da häufig nicht zwischen Kometen, Meteoren, Nordlichtern und Novae (plötzlich aufflammenden Sternen) unterschieden wurde. So gibt es Berichte, wonach der gesamte Himmel von „Kometen" gewimmelt haben soll. Offensichtlich muß es sich dabei jedoch um einen Meteorschwarm gehandelt haben. Andere Quellen sprechen von Kometen als flächenhaften Erscheinungen, die nur einen Tag lang beobachtet wurden. Möglicherweise hatte man hier Nordlichter gesichtet. Auch an Versuchen, früheste

Beobachtungen des Halleyschen Kometen mit Hilfe des Alten Testamentes aufzuspüren (siehe Literatur im Anhang), hat es nicht gefehlt. Wegen der oben erwähnten Unsicherheit müssen sie jedoch als sehr fragwürdig betrachtet werden.

1.2 Kometentheorien des Altertums

Über chinesische, babylonische bzw. altägyptische Kometentheorien ist kaum etwas bekannt. Innerhalb des griechischen Kulturkreises sieht es dagegen völlig anders aus. Hier gab es insgesamt acht Theorien, die teilweise zeitlich nebeneinander existierten und erst durch die Kometentheorie des Aristoteles (384 - 322 v. Chr.) eine zugleich ausgewogene und in sich geschlossene Synthese erfuhren. Diese Theorie konnte sich bis ins 16. Jahrhundert hinein behaupten. Da sie fast zwei Jahrtausende das Weltbild geprägt hat, soll sie hier kurz skizziert werden.

Aristoteles ging von der Voraussetzung aus, daß die Erde von drei verschiedenen Luftregionen umgeben sei. In der untersten Region leben Menschen und Tiere und atmen Teile von ihr ein. Die zweite Luftregion ist unbelebt und sehr kalt, und wie die erste Region an die Unbeweglichkeit der Erde gebunden. Die dritte Luftregion hingegen nimmt an der 24-stündigen Bewegung des gesamten Himmels teil und unterscheidet sich dadurch wesentlich von den beiden unteren Regionen. An diese Voraussetzungen geknüpft stellte er folgende Theorie auf: Die heißesten und trockensten Dünste, die von der Erde aufsteigen, gelangen bis in die dritte Luftregion, wo sie von der Bewegung, die diese Hülle ausführt, ergriffen werden. Durch die Nähe der Sonne kann es geschehen, daß die emporgetragenen Massen in Brand geraten, Rauch entwickeln und als Kometen sichtbar werden. Demnach sollten die Kometen der Erde relativ nahe stehen und der intralunarischen Welt zugerechnet werden. Die meteorologische Bedeutung, die Aristoteles den Kometen zuweist, erklärt auch, daß sie in den folgenden Jahrhunderten von den Astronomen stiefmütterlich behandelt wurden, da sie ja offensichtlich nicht zum Feld der Astronomie gehörten.

Es gab jedoch bereits in der Antike Zweifel an der Kometentheorie des Aristoteles. So schreibt der römische Gelehrte Lucius Annaeus Seneca (4 v. Chr. - 65 n. Chr.): „Ich kann mir nicht vorstellen, daß der Komet ein vor kurzem ausgebrochenes Feuer sei; er ist gewiß ein bleibendes Werk der Natur." Und weiter: „Verschwindet er uns, so ist er nicht erloschen sondern hat sich nur weiter entfernt." Solche Ansichten konnten sich jedoch zu Senecas Zeiten nicht behaupten und gerieten wieder in Vergessenheit.

Weitaus abenteuerlicher klingt die Kometentheorie der Mayas. Sie glaubten, daß die Regengötter starke Raucher seien und betrachteten die Kometen als „himmlische Zigarren". Meteorsteine, die vom Himmel fielen, waren nichts anderes als die „Stummel" dieser Zigarren, die die Götter in den Weltraum schnippten. Das klingt irgendwie sehr plausibel.

Die bis ins Mittelalter hineinreichende Stagnation des Wissensstandes über Kometen führte indessen dazu, daß der Aberglaube auch in Europa zeitweise bizarre Formen annahm. Wie der Leser an späterer Stelle noch erfahren wird, ist auch unser Jahrhundert von diesem Unfug noch nicht restlos befreit worden. So glaubte man beispielsweise im Mittelalter, daß ein Fürst, in dessen Horoskop zuerst ein Komet erschien, seinen nahen Tod zu erwarten habe. Bewegte sich ein Komet in östlicher Richtung, dann stand ein auswärtiger Krieg bevor, Bewegung gen Westen hingegen war ein „untrügliches" Anzeichen für bevorstehende innere Unruhen. Gelegentlich wurde einem Kometen jedoch auch eine positive Bedeutung beigemessen, dann stand er für Sieg oder die Geburt eines Königs (siehe Abbildung 3). Ein Krieg kann für das eine Volk eben jahrelanges Elend und Fremdherrschaft, für das andere hingegen Reichtum und Macht bedeuten. In dieser Weise waren Vorzeichen stets doppeldeutig.

1.3 Die ältesten historischen Darstellungen des Halleyschen Kometen

Die älteste bekannte Darstellung des Halleyschen Kometen, die die Erscheinung des Jahres 1066 zeigt, befindet sich auf einem Segment des Wandteppichs von Bayeux (Abbildung 1). Königin Mathilde, die Frau Wilhelms des Eroberers, hatte den Teppich in Auftrag gegeben, um den Sieg ihres Gatten in der Schlacht von Hastings zu dokumentieren. Die Stickerei wurde zwischen 1073 und 1083 angefertigt und hängt heute im Mathildenmuseum der Stadt Bayeux in der Normandie. Die erstaunten Gesichter der auf dem Teppich gezeigten Personen lassen vermuten, daß das Erscheinen des Halleyschen Kometen einen bleibenden Eindruck hinterlassen hatte. Eine eingestickte Inschrift lautet: „Diese Männer bewundern den Stern".

Eine weitere Abbildung, die als Bild des Halleyschen Kometen angesehen wird, findet man im Eadwin-Psalter (auch Canterbury Psalter genannt) aus dem zwölften Jahrhundert. Unter dem fünften Psalm ist dort ein Komet als Rosette mit einem Schweif aus vier wellenförmigen Strahlen skizziert. Aus den Lebensdaten des Autors, Mönch Eadwin, kann man folgern, daß hier der Halleysche Komet des Jahres 1145 abgebildet ist (Abbildung 2).

Wie die Erscheinung des Jahres 1301 ausgesehen hat, weiß man heute ziemlich genau, denn der Florentiner Maler Giotto di Bondone hat sie in einem Altarbild festgehalten. Wegen der günstigen Position Komet - Erde war der Auftritt des Schweifsterns so eindrucksvoll, daß er von vielen zeitgenössischen Geschichtsschreibern, wie dem Florentiner Chronisten Giovanni Villani, erwähnt wurde. Villani schreibt in seiner „Chroniche Storiche", daß im September 1301 ein Komet „einen langen Schweif

Abbildung 1: Der siebzig Meter lange Wandteppich von Bayeux schildert die Eroberung Englands durch die Normannen im Jahre 1066. Der Ausschnitt zeigt die Erscheinung des Halleyschen Kometen.

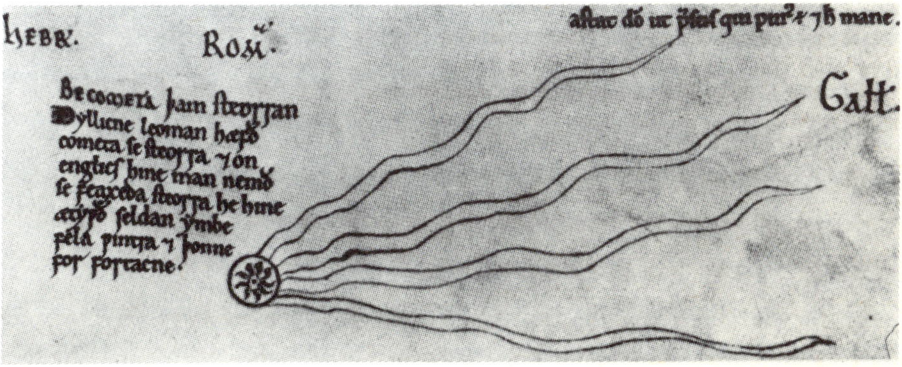

Abbildung 2: Der Eadwin-Psalter enthält eine stilisierte Darstellung des Halleyschen Kometen aus dem Jahre 1145.

hinter sich herziehend" am Himmel erschien und bis zum Januar 1302 sichtbar blieb. Die Abbildung 3 zeigt Giottos berühmtes Fresko „Anbetung durch die Heiligen Drei Könige", das wahrscheinlich zwischen 1303 und 1304 entstanden ist. Das Gemälde befindet sich in der 1303 errichteten Arena-Kapelle in Padua.

Abbildung 3: Giottos berühmtes Fresko mit der Darstellung des Halleyschen Kometen als Stern von Bethlehem.

Die naturgetreue Wiedergabe eines Kometen als Stern von Bethlehem war ein Novum für die mittelalterliche Malerei; siehe Abbildungen 4 und 5 im Vergleich:

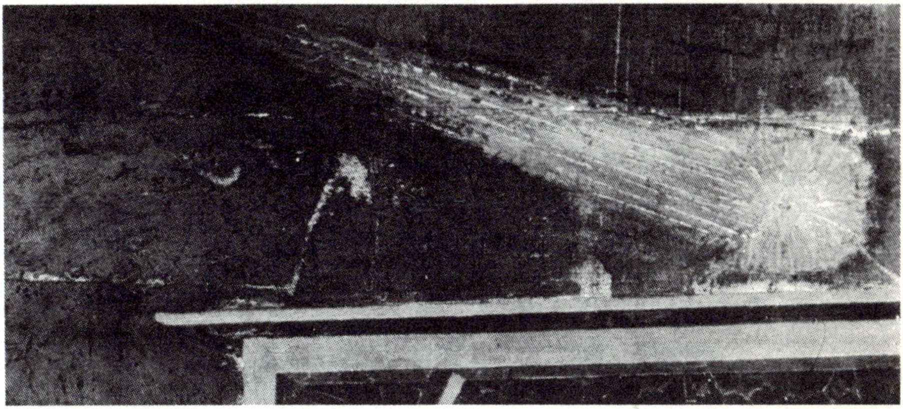

Abbildung 4: Ein Ausschnitt aus Giottos Gemälde macht deutlich, mit welcher Präzision der Künstler versucht hat, den Kometen darzustellen.

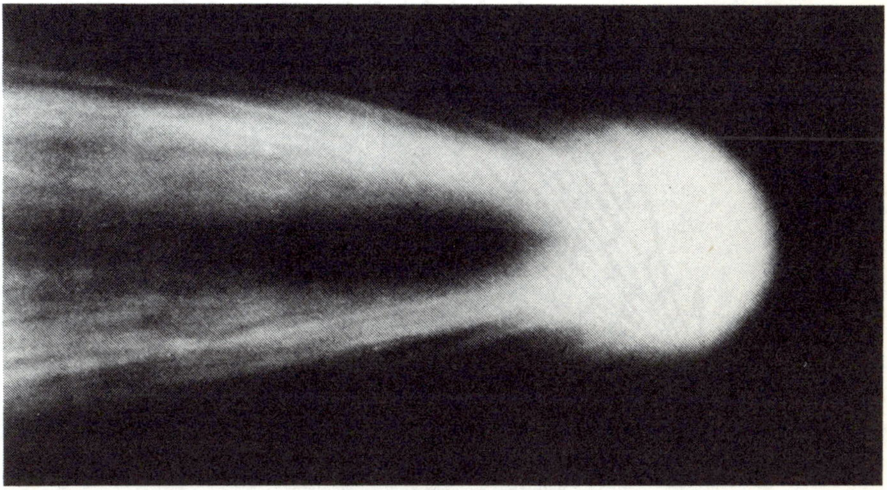

Abbildung 5: Der Kopf des Halleyschen Kometen, wie er am 8. Mai 1910 vom Mt. Wilson Observatorium (USA) aus fotografiert wurde.

Für Giotto war der Halleysche Komet ein willkommenes Stilelement. Daß es sich beim Stern von Bethlehem tatsächlich um einen Kometen - möglicherweise gar den Halleyschen - gehandelt hat, ist unwahrscheinlich. Der Zeitpunkt von Christi Geburt schließt zumindest den Halleyschen Kometen von vornherein aus. Es sei ergänzend erwähnt, daß der Stern von Bethlehem in frühen Gemälden nur symbolisch als leuchtender Stern gezeigt wurde.

In der 1493 in Nürnberg erschienenen „Weltchronik" von Hartmann Schedel finden wir eine weitere Abbildung des Halleyschen Kometen (Abbildung 6). Im Text wird das Auftauchen eines Kometen im Jahr 684 n. Chr. erwähnt. Ein Blick auf Tabelle 1 zeigt, daß in diesem Jahr ein Periheldurchgang des Halleyschen Kometen stattfand. Die Chronik berichtet von unheilvollen Ereignissen, die diese Erscheinung mit sich brachte: „Drei Monate Regen und Unwetter, so daß Menschen und Tiere umkamen, und das Getreide auf den Feldern verdarb. Schließlich brach eine Seuche aus".

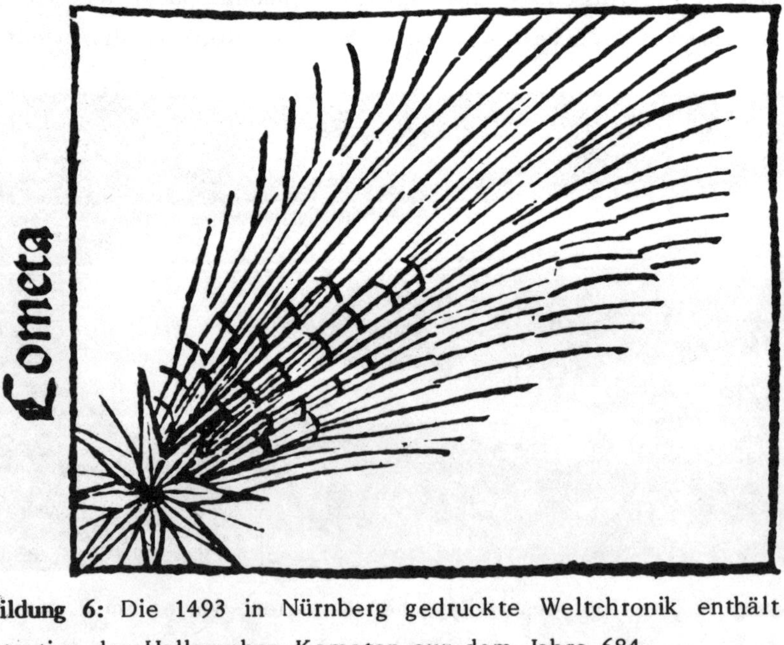

Abbildung 6: Die 1493 in Nürnberg gedruckte Weltchronik enthält eine Illustration des Halleyschen Kometen aus dem Jahre 684.

1.4 Die Kometen im 15. und 16. Jahrhundert

Die ersten wissenschaftlichen Messungen an Kometen wurden 1472 von Regiomontanus, alias Johannes Müller, (1436 - 1476) aus Königsberg (Franken) vorgenommen. Regiomontanus hatte Glück, denn in Nürnberg fand er in dem Patrizier Bernhard Walter einen spendablen Schüler, der ihm eine Sternwarte errichten ließ. In seiner Schrift über den Kometen von 1472 beschreibt Regiomontanus ein Instrument, mit dem er erstmals den Durchmesser von Kometenköpfen und die Schweiflänge bestimmte. Dazu machte er folgende Angaben (siehe Abbildung 7): „Um den scheinbaren Durchmesser eines Kometen zu bestimmen, nehme man einen glatten Stab AB von fünf oder sechs Ellen Länge und teile ihn von A aus in gleiche Teile, je mehr desto besser, befestige an ihm unter rechtem Winkel und verschiebbar einen Querstab CD, dessen beide Arme gleich lang sein müssen, teile ihn genau in eben solche Teile, wie sie auf dem Stabe AB eingeschnitten sind, befestige in den Punkten A, C und D drei Visiernadeln und das Instrument ist fertig."

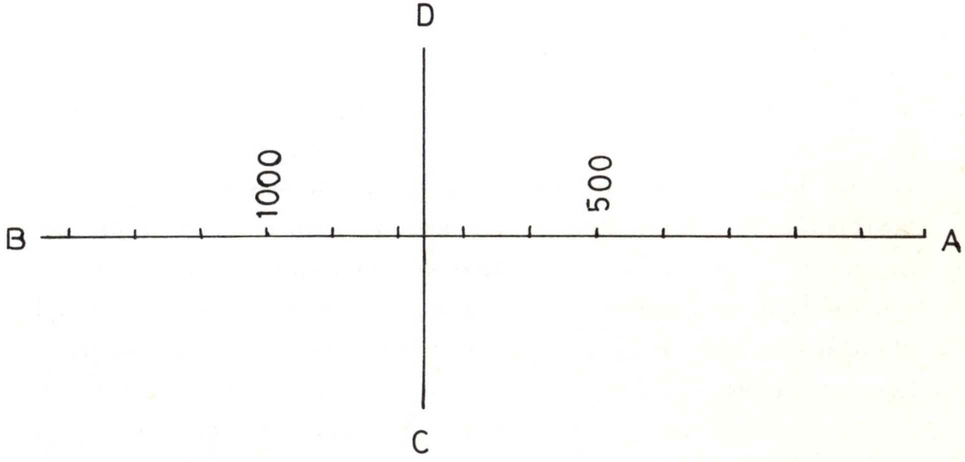

Abbildung 7: Gerät des Regiomontanus zur Bestimmung von Winkelabständen am Himmel.

Die Beobachtungsweise sah folgendermaßen aus: Man brachte das Auge zum Punkt A und verschob den Querstab CD solange, bis man die zu messenden Punkte über AC und AD anvisieren konnte. Die gesuchten Winkel konnten dann mit Hilfe von Tangententafeln aus den Längen DC und CA bestimmt werden.

Bei der Analyse von Kometenbeobachtungen hatte Regiomontanus jedoch zumindest einen Vorgänger. Erst in der Mitte des vorigen Jahrhunderts wurden die Beobachtungen des Italieners Toscanelli (1397 - 1482), der die scheinbaren Bahnen der Kometen von 1443, 1449, 1456 (Halley!), 1457 und 1472 in Sternkarten eingezeichnet hatte, gefunden.

Die Längen- und Richtungsbestimmung von Kometenschweifen führte schon bald zu der Erkenntnis, daß die Schweife vom Kometenkopf aus gesehen stets in die der Sonne entgegengesetzte Richtung weisen. Diese Eigenschaft wurde etwa gleichzeitig von Peter Bienewitz (genannt: Apianus) (1495 - 1552) in Deutschland und von Girolamo Fracastoro (1483 - 1553) in Italien festgestellt. Zu jener Zeit galt die Kometentheorie des Aristoteles noch unangefochten.

Als Tycho Brahe (1546 - 1601) am 13. Dezember 1577 auf der Insel Hven in Dänemark eine Parallaxenbestimmung an einem Kometen vornahm, brach eine neue Ära der Kometenforschung an. Er konnte zeigen, daß sich jener Komet weit jenseits des Mondes befinden mußte. Damit erbrachte er den Beweis, daß Kometen, entgegen der Lehre des Aristoteles, nicht der irdischen Sphäre zuzurechnen sind. Die seiner Methode zugrunde liegende Theorie klingt einleuchtend: Wird ein der Erde nahestehender Körper zu gleicher Zeit von zwei weiter auseinanderliegenden Stellen der Erde in seiner Projektion auf den Sternhimmel betrachtet, dann muß dieser Körper eine Parallaxe aufweisen. Ein gleicher Effekt sollte sich ergeben, falls die Anvisierung zwar am gleichen Ort, aber in einem größeren zeitlichen Abstand erfolgt (Abbildung 8). Da Tycho Brahe keine meßbare Parallaxe feststellen konnte, versetzte er damit der Theorie des Aristoteles den Todesstoß.

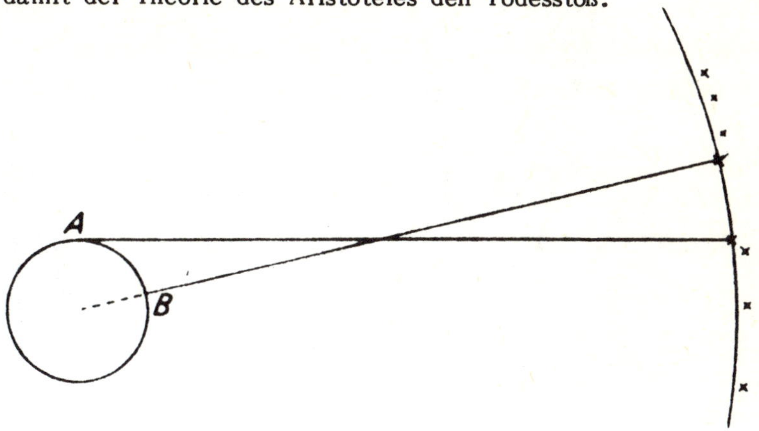

Abbildung 8: Befindet sich im Kreuzungspunkt der beiden Geraden ein Himmelskörper, dann wird dieser in der Projektion von A und B aus an verschiedenen Stellen der Himmelskugel gesichtet.

1.5 Die Kometen im 17. Jahrhundert

Johannes Kepler (1571 - 1630) versuchte erstmals aus Beobachtungen an Kometen eine Bahnbestimmung vorzunehmen. Aus den Daten der Kometen von 1607 (Halley) und 1618 konstruierte er eine Bahn, die als senkrechte Projektion auf die Ekliptik in Abbildung 9 dargestellt ist. Die Bahnen der beiden Kometen verliefen derart, daß Johannes Kepler sie nur kurz vor, beziehungsweise nach dem Perihel erfassen konnte. Da zu Beginn des 17. Jahrhunderts die Instrumente nach heutigen Maßstäben unzulänglich waren, ergab sich aus Keplers Bahnkonstruktionen für jeden Kometen eine Gerade, die die Planetenbahnen von Erde und Venus schneidet. Kepler zog daraus den Trugschluß, daß die Kometen sich in geraden Linien durch das Sonnensystem bewegen.

Vor allem durch die Arbeiten von Jeremias Horrox (1619 - 1641) und John Flamsteed (1646 - 1719) wurde in den folgenden Jahrzehnten deutlich, daß die Annahme einer geradlinigen Kometenbahn nicht haltbar ist.

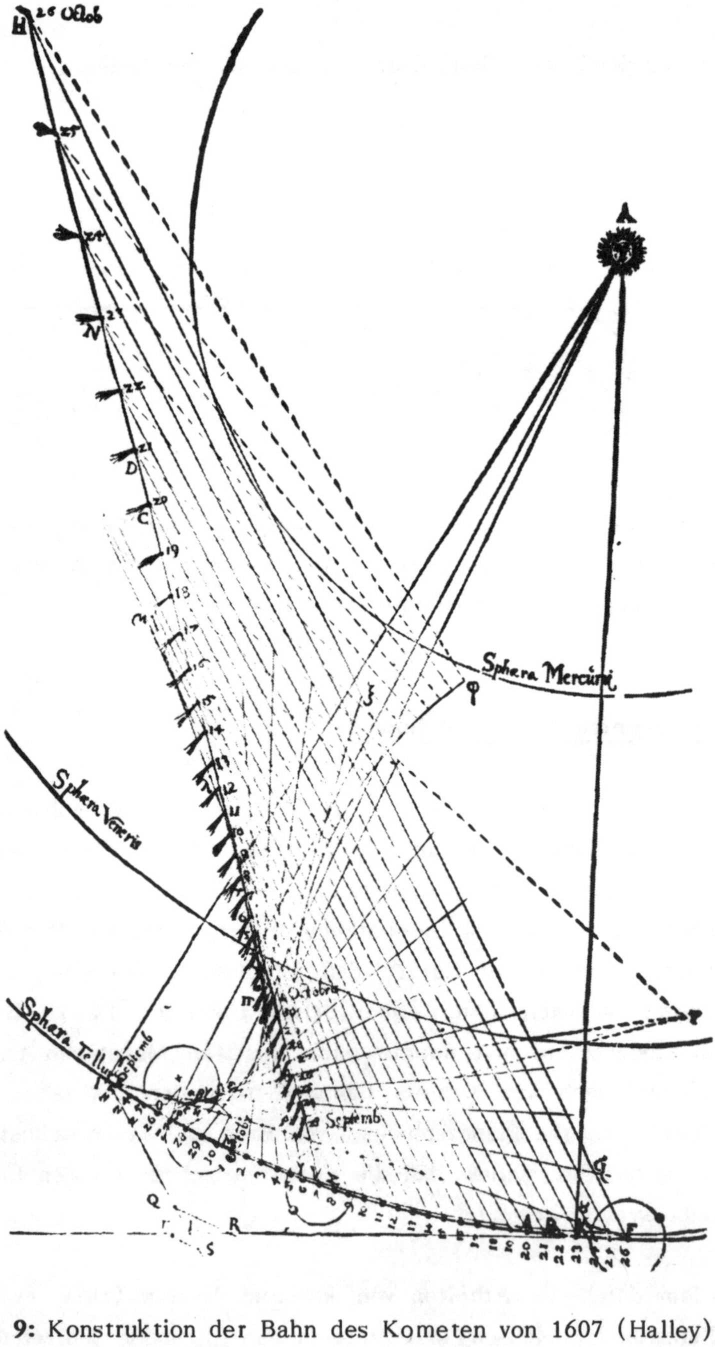

Abbildung 9: Konstruktion der Bahn des Kometen von 1607 (Halley) durch Johannes Kepler.

Zwei Kometenerscheinungen in den Jahren 1652 und 1670 gaben der Forschung neue Impulse. Vom neuen heliozentrischen Weltbild geprägt, treten hier insbesondere die Arbeiten von Giovanni Alfonso Borelli (1608 - 1679) und Johannes Hevelius (1611 - 1687) hervor. In seinem 1668 in Danzig erschienenen Werk „Cometographia, cometarum naturam et omnium a mundo conditio historiam exhibens" zeichnet Hevelius alles über Kometenerscheinungen auf, was er in Erfahrung bringen konnte. Als Kernaussagen finden wir: „Alle Kometen bewegen sich auf krummlinigen Bahnen, die von der geraden Linie nur sehr wenig abweichen, und deren konkave Seite sich gegen die Sonne und die Ekliptik richtet." Ferner: „Die Geschwindigkeit, mit welcher der Komet diese Bahn durchmißt, wächst stetig bis zur Sonnennähe und nimmt, nachdem sie hier ihr Maximum erreicht hat, stetig wieder ab." Und weiter: „Wenn nun auch die Bahnen der verschiedenen Kometen Kegelschnitte der verschiedensten Art sein können, so sind sie doch meistenteils solche, welche durch den Schnitt eines stumpfwinkligen Kegels entstehen. Die Möglichkeit eines geradlinigen Laufes einzelner Kometen bleibt aber nicht ausgeschlossen."

Die Kometographie verdient auch heute noch Bewunderung. Der bis ins hohe Alter unermüdliche Beobachter Hevelius ging sogar so weit, auf seine Kosten eigene Wächter anzustellen, die ihm über allles, was sie am Himmel bemerkten, unverzüglich Nachricht geben mußten. Das damalige Wissen über Kometen wurde zusätzlich durch die zahlreichen Zeichnungen von Kometenköpfen und Schweifentwicklungen bereichert.

Eine weitere erwähnenswerte Sammlung von Kometenerscheinungen stammt von Stanislaus Lubieniecky (1625 - 1675). In seinem „Theatrum cometicum" (1666 - 1668) ist die Geschichte von 415 Kometen auf über 1500 Folioseiten festgehalten.

Ein neues Zeitalter der Kometenastronomie brach mit Georg Samuel Dörffel (1643 - 1688) - einem Prediger aus Plauen im sächsischen

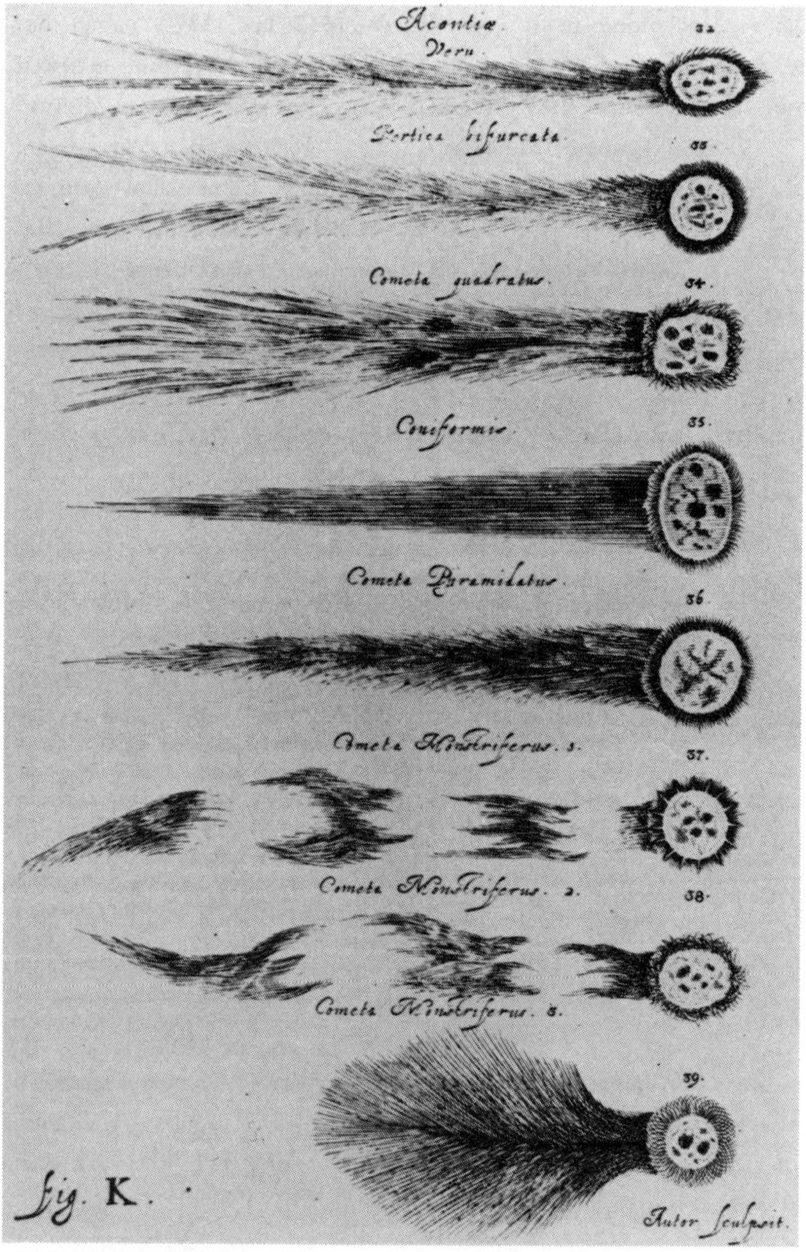

Abbildung 10: Klassifizierung von Kometenschweifen nach Johannes Hevelius.

Vogtland - an. Am großen Kometen von 1680/81 gelang ihm der Nachweis, daß sich die Kometen im Gegensatz zur Keplerschen Ansicht nicht auf geraden Linien, sondern vielmehr auf parabolischen Bahnen bewegen, in deren Brennpunkt die Sonne steht. Dadurch vervollkommnete er das Werk von Hevelius. Dörffel schrieb im Jahre 1681: „Ich kann nicht um hin, dem geneigten Leser meine neueste Erkenntnis zu enthüllen, ob nicht die Bewegungslinie dieses und der anderen Kometen eine Parabel sei, in deren Brennpunkt das Zentrum der Sonne zu setzen ist." Mit dieser Erkenntnis festigte Dörffel gleichzeitig das heliozentrische Weltbild.

Zu jener Zeit lebte jenseits des Ärmelkanals ein wißbegieriger junger Mann, dessen Familienname zu einem späteren Zeitpunkt buchstäblich an den Himmel geheftet wurde - Edmond Halley.

1.6 Edmond Halley

Edmond Halley wurde am 8. November 1656 als Sohn eines wohlhabenden Seifensieders in Haggerston bei London geboren. Die Astronomie begeisterte ihn von frühester Jugend an. Nach Beendigung der Schulzeit siedelte er im Sommer 1673 nach Oxford über, um das dortige College zu besuchen. Neben einer stattlichen Sammlung von wissenschaftlichen Instrumenten gehörte ein Teleskop zu seinen Reiseutensilien. Damit beobachtete er 1675 eine Mondfinsternis, im August 1676 einen bemerkenswerten Sonnenfleck und im gleichen Monat eine Bedeckung des Planeten Mars durch den Mond. Als Zwanzigjähriger hatte er sich bereits wissenschaftlich etabliert und korrespondierte regelmäßig mit der Royal Society. Aus jenen Tagen stammt seine erste Veröffentlichung, in der er verbesserte Bahndaten für die Planeten Jupiter und Saturn angab.

Während eines 1 1/2-jährigen Studienaufenthaltes von 1676 bis 1678 auf der Atlantikinsel St. Helena bot sich dem jungen Halley Gelegenheit, die bis dahin noch nicht näher erforschte Südhemisphäre des Himmels zu erkunden. Trotz ungünstiger Witterungsverhältnisse gelang es ihm, 341 Sterne zu katalogisieren, was ihm dem Beinamen „Southern Tycho" einbrachte.

Gleich nach der Rückkehr wurden seine Aufzeichnungen als „Catalogus Stellarum Australium" veröffentlicht. Im Alter von 22 Jahren war Halley bereits Mitglied der Royal Society und wurde kurze Zeit später in deren Auftrag nach Danzig geschickt. Dort sollte er als Schiedsmann eine Auseinandersetzung zwischen Hooke und Hevelius schlichten.

Zwei Jahre später reiste Halley, begleitet von seinem Schulfreund Robert Nelson, erneut auf den Kontinent, um in der Nähe von Calais den großen Kometen des Jahres 1680 zu beobachten.

Nach einem längeren Italienaufenthalt im Jahre 1681/82 kehrte Halley nach England zurück. Dort heiratete er die Tochter eines einflußreichen Beamten. Aus dieser Ehe gingen zwei Töchter und ein Sohn hervor. In seiner Haussternwarte in Ishington bei London beobachtete der Frischvermählte am Morgen des 22. November 1682 einen Kometen, der einmal **seinen** Namen tragen sollte (siehe Abbildung 13).

1683 suchte Halley Robert Hooke auf, um mit ihm die Möglichkeit eines allgemeingültigen Gravitationsgesetzes zu diskutieren. Hooke hatte entdeckt, daß die Bewegung eines Körpers, der eine Kreisbahn oder eine andere gekrümmte Bahn durchläuft, von zwei Komponenten bestimmt wird. Die eine - Inertialkomponente genannt - treibt den Körper tangential zur gekrümmten Bahn nach vorn, so daß er in gerader Linie davonflöge, wenn ihn nicht die zweite Komponente - die Zentripetalkraft - daran hindern würde. Die Vorstellung von einer „zentrumsuchenden" Zentripetalkraft ersetzte die älteren Vorstellungen von Descartes und Huygens, die eine „zentrummeidende" Zentrifugalkraft definiert hatten.

Abbildung 11: Edmond Halley, englischer Astronom (1656 - 1742), war Professor für Geometrie in Oxford und königlicher Astronom an der Sternwarte zu Greenwich. 1705 sagte er die Wiederkehr des nach ihm benannten Kometen für das Jahr 1758 voraus.

In einem Punkt kam Hooke allerdings nicht weiter. Es handelte sich um die Bahnkurve, die ein Objekt beschreiben muß, wenn die anziehende Kraft umgekehrt proportional zum Quadrat der Entfernung vom Kraftzentrum ist. Hooke wandte sich an seinen Zeitgenossen Isaac Newton und teilte ihm das Problem mit. Seinen Brief schloß er mit den Worten: „Ich zweifle nicht, daß sie mit Ihrer ausgezeichneten Methode leicht herausfinden können, welche Kurve dies sein muß, und welche Eigenschaften sie hat, und ich vermute einen physikalischen Grund für diese Beziehung."

Da Hooke keine Antwort erhielt, reiste Halley im August 1684 nach Cambridge, um Isaac Newton in dieser Angelegenheit aufzusuchen. Die persönliche Begegnung der beiden Männer, deren Charaktere zeitgenössischen Berichten zufolge sehr unterschiedlich waren - Newton der Typ des „stillen Tüftlers", Halley stets „quirlig" - darf als schicksalshaft bezeichnet werden. Da die beiden einander in geradezu genialer Weise ergänzten, entwickelte sich daraus eine dauerhafte Freundschaft.

Auf Halleys Frage nach der Bahnkurve gab Newton spontan zur Antwort, daß es sich nur um eine Ellipse handeln könne. Halley schlug Newton vor, seine Ergebnisse zu veröffentlichen, doch unglücklicherweise hatte Newton die Unterlagen verlegt. Er erklärte sich jedoch auf Halleys Drängen dazu bereit, für die Royal Society eine kleine Abhandlung über das Problem zu schreiben.

Auf Halleys Anregung hin entstand im Frühjahr 1685 Newtons „Philosophiae Naturalis Principia Mathematica" (Mathematische Prinzipien der Naturlehre). Diese Schrift enthielt erstmals den Beweis, daß ein Objekt sich auf einer Ellipsenbahn bewegt, wenn die Trägheit die eine Komponente der Bewegung bestimmt und eine Zentripetalkraft vorliegt, die umgekehrt proportional zum Quadrat der Entfernung ist. Diese Beweisführung ließ die physikalische Bedeutung des ersten Keplerschen Gesetzes in einem neuen Licht erscheinen. Ohne Halleys persönlichen

Abbildung 12: Isaac Newton auf einer Medaille mit dem Halleyschen Kometen „im Nacken". Das Wiedererscheinen des Schweifsterns im Jahre 1758/59 wurde als Bestätigung für Newtons Theorie angesehen.

Einsatz wäre Newtons Principia nie erschienen. Halley bezahlte die Druckkosten, überprüfte alle Korrekturen - kurz - er ließ seine eigene Arbeit liegen, damit die Principia möglichst bald erscheinen konnte. Alle seine Briefe aus jener Zeit sprechen von der bedingungslosen Auseinandersetzung mit Newtons Werk.

Von 1685 bis 1693 hatte Halley einen Redakteursposten bei den „Philosophical Transactions" inne. Nebenbei war er Zweiter Sekretär der Royal Society. Durch den Einfluß Flamsteeds, der ihm nicht gerade freundlich gesonnen war, wurde ihm eine Astronomieprofessur in Oxford vereitelt.

Auf Edmond Halleys vielfältiges wissenschaftliches Wirken in den Folgejahren kann nur summarisch eingegangen werden: 1693 erstellte er erstmals eine Sterbetafel als Grundlage für eine Lebensversicherung. Von Halley stammen ferner eine Formel zur barometrischen Höhenmessung sowie eine Linsenformel. Er profitierte dabei von seiner selten günstigen Kombination praktischer und theoretischer Fähigkeiten.

Im Jahre 1703 wurde Halley Professor für Geometrie in Oxford. Zehn Jahre später ernannte ihn die Royal Society zum Ersten Sekretär.

Die große Nordlichtaurora vom 16. März 1715 war die erste, die Halley zu Gesicht bekam. Es dürfte zu den weniger bekannten Fakten aus Halleys Leben zählen, daß er bereits einen Zusammenhang zwischen dem Nordlicht und dem erdmagnetischen Feld vermutete. Auch die Verwendung von Quecksilber als Thermometerflüssigkeit geht auf seine Empfehlung zurück.

1721 trat Halley die Nachfolge Flamsteeds als königlicher Astronom an und wurde 1729 zum auswärtigen Mitglied der Pariser Akademie der Wissenschaften bestellt.

Zeitgenössischen Berichten zufolge war Halley mittelgroß, schlank und von blasser Hautfarbe. Seine Sprache soll sehr lebhaft gewirkt haben. Freunde behandelte er stets mit großer Herzlichkeit. Haß und Eifersucht waren ihm fremd, und trotz seines engagierten Wirkens war er stets ein liebevoller Familienvater. Zu seinen prominenten Bewunderern gehörte auch der russische Zar Peter der Große.

Bis zum Jahr 1737, als eine Lähmung seiner rechten Hand eintrat, erfreute sich Halley stets bester Gesundheit. Er hatte es sich zur Gewohnheit gemacht, leichte Unpäßlichkeiten wie beispielsweise eine aufkommende fiebrige Erkältung mit einer kräftigen Dosis Chinin in Haferschleim verabreicht zu kurieren. Spöttelnd bezeichnete er diese Mischung als „seine Schokolade". In den Folgejahren verschlechterte sich sein

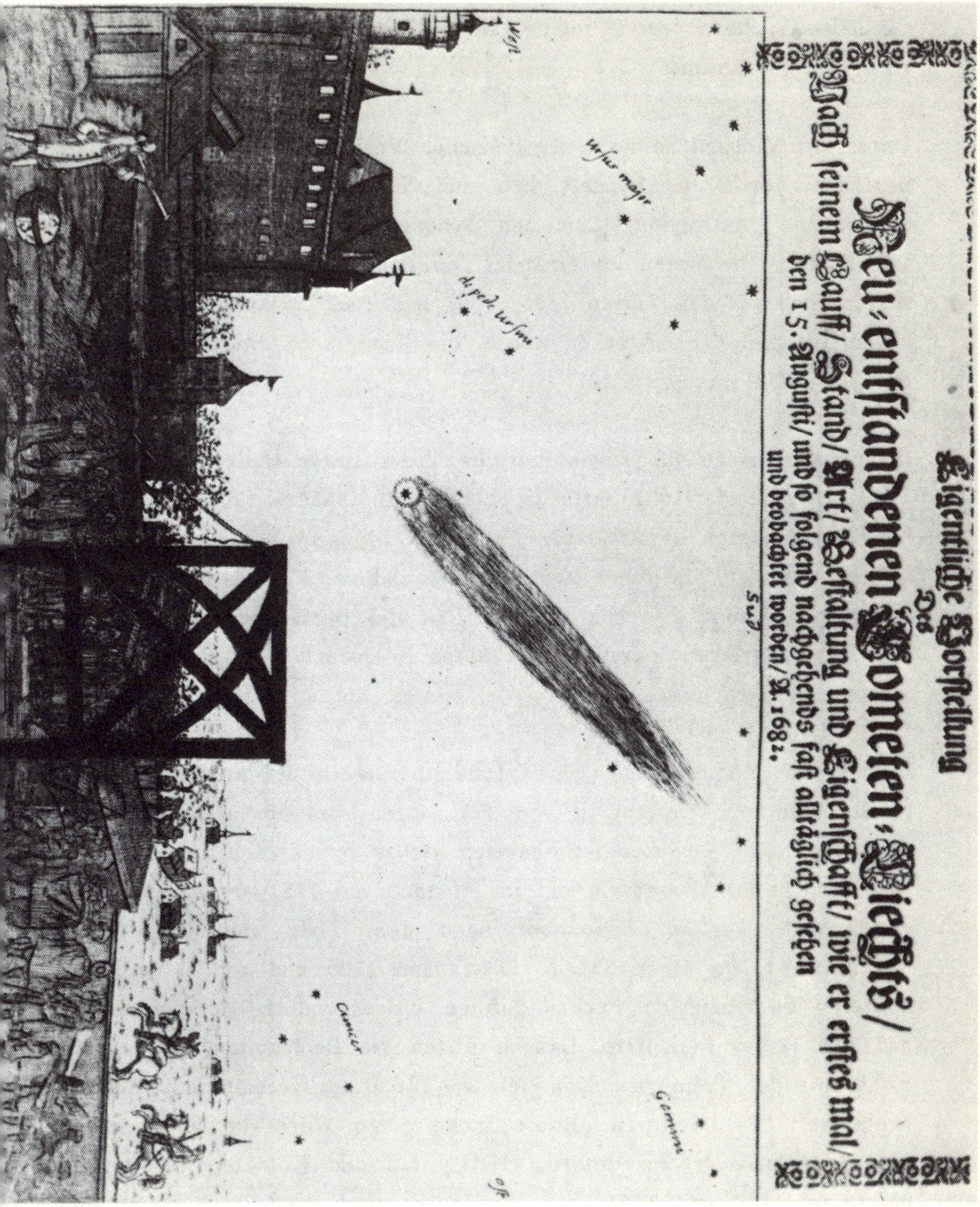

Abbildung 13: Der Halleysche Komet auf einem Kometenflugblatt des Jahres 1682.

Gesundheitszustand jedoch rapide. Halley starb am 14. Januar 1742 im Alter von 85 Jahren.

Unter der Vielzahl seiner astronomischen Veröffentlichungen ragte eine besonders hervor. Es handelt sich um die im Jahre 1705 in Oxford erschienene „Astronomia Cometica Synopsis". Halley hatte die Daten verschiedener Kometen miteinander verglichen und zwischen den Erscheinungen aus den Jahren 1531, 1607 und 1682 so auffällige Ähnlichkeiten festgestellt, daß er es wagte, die Wiederkehr eines Kometen für das Jahr 1758 vorauszusagen.

In der Vorhersage von Kometenerscheinungen hatte Halley jedoch einen Vorgänger. Bereits 1682 hatte Jacob Bernoulli (1654 - 1705) die Wiederkehr des Kometen von 1680 für das Jahr 1719 verkündet - eine Prophezeiung, die sich allerdings nicht erfüllen sollte. Für Halley dürfte es daher frustrierend gewesen sein, daß er die Bestätigung seiner These nicht mehr erleben konnte. Dazu hätte er jedoch ein Alter von 102 Jahren erreichen müssen.

Dem großen Kometen des Jahres 1680 prophezeite Halley im Gegensatz zu Bernoulli eine Umlaufzeit von 575 Jahren. Bei der Durchsicht vergangener heller Kometenerscheinungen stellte er nämlich fest, daß ein besonders heller Komet viermal im Abstand von 575 Jahren beobachtet wurde und zwar im September nach dem Tode von Julius Cäsar (44 n. Chr.), im Jahre 531 n. Chr., dann 1106 und schließlich 1680. Späteren Berechnungen Enckes zufolge ist es jedoch ziemlich sicher, daß sich Halley hier irrte. Danach waren die Beobachtungen von 1106 nicht mit der Bahn des Kometen von 1680 zu vereinbaren. Für die Umlaufzeit des Letzteren erhielt Encke einen Wert von 8800 Jahren. Einem weiteren Irrtum unterlag Halley bei den Kometenerscheinungen der Jahre 1532 und 1661, die er für identisch hielt und daher eine Rückkehr des Objektes für 1790 voraussagte, die aber nicht eintrat.

1.7 Johann Georg Palitzsch und die erste vorausgesagte Wiederkehr des Halleyschen Kometen

Johann Georg Palitzsch wurde achtzehn Jahre nach Halleys Prognose am 11. Juni 1723 im sächsischen Prohlis bei Dresden geboren. Er entdeckte am 1. Weihnachtstag des Jahres 1758 als erster den von Halley vorhergesagten Kometen am Himmel und gelangte dadurch zu Ruhm und Ehre. Palitzsch war kein professioneller Astronom sondern ein Bauer, der die Astronomie als Hobby pflegte. Der außergewöhnliche Lebensweg des Landmannes soll hier kurz skizziert werden.

Bereits sechs Monate nach seiner Geburt verlor Palitzsch den Vater. Sein Stiefvater sorgte dafür, daß der Knabe frühzeitig mit der bäuerlichen Arbeit vertraut wurde. Der junge Johann Georg war ein aufgeweckter Schüler, der alle verfügbaren Schriften wißbegierig studierte. Besondere Anregungen erhielt er durch ein Buch des Dresdner Superintendenten Löscher mit dem Titel „Die Werke Gottes in der Natur".

Da sein Stiefvater wenig Verständnis für die wissenschaftlichen Neigungen des Sohnes zeigte, die seiner Meinung nach der Arbeit als Landwirt abträglich waren, las Palitzsch nachts im Schein eines Öllämpchens oder beim Hüten des Viehs im Freien. So gelang es ihm dennoch, sich fundierte Kenntnisse in den Fächern Astronomie, Mathematik und Biologie anzueignen. Daneben interessierte er sich für Fremdsprachen.

Im Alter von 21 Jahren ging das väterliche Gut in seinen Besitz über. Als selbständiger Bauer konnte er seine wissenschaftliche Ausbildung nunmehr ungehindert fortsetzen. Auf Empfehlung kam Palitzsch mit dem Bibliothekar der Kurfürstin in Verbindung. Dieser war gleichzeitig Inspektor des Mathematisch-Physikalischen Salons. Der Salon, der eine wertvolle Sammlung von Beobachtungs- und Meßinstrumenten aufwies, ging aus der ehemaligen Kunstkammer des Kurfürsten hervor.

Mit seinen Dorfgenossen hatte der intelektuelle Palitzsch wenig Berührungspunkte. Die anderen Bauern zeigten vor ihm eine scheue Zurückhaltung, spotteten bisweilen über den Gelehrten und hielten das, was für Palitzsch nur eine Anwendung seiner Kenntnisse war, für Zauberei und Hexerei. So verfolgte er aufmerksam die Witterungsvorgänge und nutzte sie für die Feldarbeit aus. Er verstand es stets, aus den Forschungsergebnissen seiner Zeit Nutzen zu ziehen. Als beispielsweise der Franklinsche Blitzableiter bekannt wurde, ließ er sich sofort einen installieren, um seinen Bauernhof vor Blitzeinschlägen zu schützen. Auf seine Empfehlung hin erhielt das Dach des Dresdner Schlosses ebenfalls einen Blitzableiter.

Die noch unbestätigte Voraussage, daß Kometen in periodischen Bahnen um die Sonne ziehen, war neu und erregte in astronomischen Kreisen großes Aufsehen. Durch aufwendige Berechnungen waren Ort und Zeit des Erscheinens des Halleyschen Kometen präzisiert worden, und man erwartete die Wiederkehr voller Ungeduld. Palitzsch hatte großes Glück - er entdeckte den Kometen vor den Berufsastronomen.

Der 1. Weihnachtstag des Jahres 1758 war klar und wolkenlos. Palitzsch holte sein Teleskop hervor und richtete es gen Himmel. Über seine Beobachtungen schrieb er in den „Dresdner gelehrten Anzeigen": „Es läßt sich abermalen ein aus seiner elliptischen Bahn herumgekomener Körper von uns Erdbewohnern sehen, den man einen Kometen nennt. Als ich nach meiner mühsamen Gewohnheit, alles was in der Physik vorfällt, soviel wie möglich zu betrachten und gegen Himmelsbegebenheiten aufmerksam zu sein, den 25. jetzigen Dezembermonats gegen 6 Uhr mit meiner achtfüßigen Tube die Fixsterne durchging, um zu sehen, wie sich der jetzt sichtbare Stern des Walfisches darstelle, als auch ob sich nicht etwa der seit längerer Zeit verkündete und sehnlich erwünschte Komet nähere oder zeige, so wurde mir das unbeschreibliche Vergnügen zu teil, nicht weit von diesem wunderbaren Walfischstern im Sternbild der Fische .... einen sonst niemalen dort wahrgenommenen nebligen

Stern zu entdecken*). Die am 26. - 27. wiederholte Beschauung desselben bestätigte meine Vermutung, daß es ein Komet wäre. Denn er war seit dem 25. bis zum 27. von dem O bis N wirklich fortgerückt. Aus diesem ergibt sich nun, daß er binnen zwei Tagen um 3°24' in der Länge und 1°5' in der Breite und zwar rückläufig nach Angabe der Doppelmayerschen Karte sich bewegt hatte."

Die Auffindung des Halleyschen Kometen verhalf dem gelehrten Bauern zu einem „kometenhaften" Aufstieg - buchstäblich über Nacht wurde er international bekannt. Für seine Entdeckung ehrte ihn die Petersburger Akademie durch die Ernennung zum korrespondierenden Mitglied. Die Pariser Akademie erkannte seine Leistungen, wenn auch schweren Herzens, ebenfalls an.

Charles Messier, ein junger Astronom an der Pariser Sternwarte, hatte bereits wochenlang auf den Kometen gelauert. Wegen fehlerhafter Bahnberechnungen durch den französischen Astronomen Dalisle, blieb ihm die Entdeckung des Kometen jedoch versagt. Obgleich Messier den Ruhm der Wiederauffindung des Halleyschen Kometen nicht für sich verbuchen konnte, gehörte er dennoch zu den Astronomen, die ihn, so gut dies von Paris aus möglich war, systematisch beobachteten. Später wurde er durch die Herausgabe eines Katalogs nebliger Objekte berühmt.

Es soll nicht unerwähnt bleiben, daß die Bahn des Kometen zur Erde bei der ersten vorausgesagten Wiederkehr sehr ungünstig lag: Im Perihel

---

*) Anmerkung des Autors: Der Bericht erlaubt Rückschlüsse auf Palitzschs astronomische Kenntnisse. Offenbar war er über das Verhalten des „wunderbaren Sterns im Walfisch" (Mira Ceti) gut unterrichtet. Mira Ceti ist ein veränderlicher Stern, der einer Gruppe von Veränderlichen, den Mirasternen, den Namen gab. Die scheinbare visuelle Helligkeit von Mira Ceti schwankt zwischen 2^m und 10^m mit einer Periode von 331 Tagen.

befand sich der Komet ziemlich genau hinter der Sonne - war also unsichtbar. Nach der Sonnenpassage stand er dann soweit südlich, daß Mitteleuropäer wiederum vergeblich nach ihm suchten. Dadurch bekam die Öffentlichkeit keine sehr spektakuläre Erscheinung zu sehen. Leider besitzt die Erscheinung von 1758/59 eine gewisse Ähnlichkeit mit der uns bevorstehenden, bei der der Komet ebenfalls kein sehr auffälliges Objekt sein dürfte.

Johann Georg Palitzsch starb nach einem erfüllten Leben im Alter von 65 Jahren an einem Schlaganfall. Ungeachtet seines wissenschaftlichen Engagements hatte er bis zu seinem Tode als vorbildlicher Landwirt gearbeitet. An einem stillen Platz des Dörfchen Prohlis befindet sich heute ein von Linden gesäumtes Denkmal, das die Ortsbewohner im Jahre 1877 zur Erinnerung an den berühmten Bauernastronomen errichten ließen.

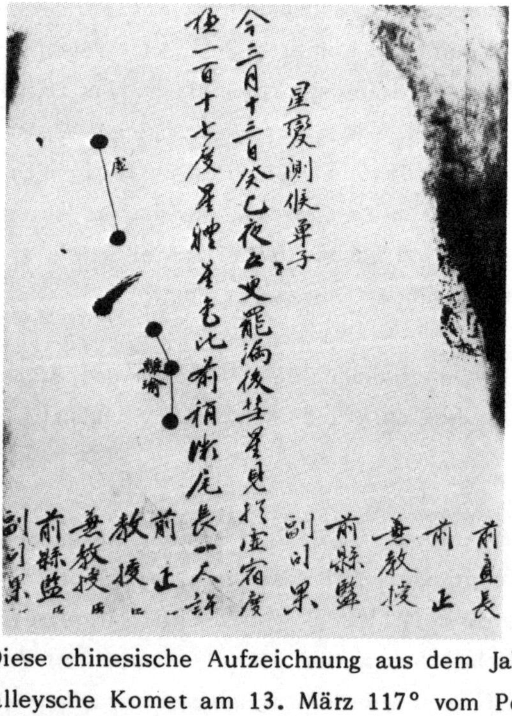

Abbildung 14: Diese chinesische Aufzeichnung aus dem Jahre 1759 besagt, daß sich der Halleysche Komet am 13. März 117° vom Pol entfernt befand und sich sein Schweif etwas verkürzt hatte.

1.8 Der Halleysche Komet im Jahre 1835

Im Laufe des 19. Jahrhunderts wuchs das Material berechneter Kometenbahnen stetig an, so daß sich allmählich auch statistische Eigenschaften herauskristallisierten. Über das wichtigste Bahnelement, die numerische Exzentrizität e, ließ sich folgendes feststellen:

1. Die überwiegende Zahl der Kometenbahnen zeigt Exzentrizitätswerte kleiner als 1, ($e < 1$).

2. Von den Bahnen mit $e < 1$ liegen die Exzentrizitäten größtenteils sehr nahe an 1 und sind in dem Bereich von $e = 0.95$ bis $e = 1$ eingeschlossen.

3. Ein kleiner Anteil der Kometenbahnen besitzt hyperbolische Exzentrizität $e > 1$ (hierbei ist der Wert von e aber nur wenig größer als 1).

Dieses statistische Ergebnis besagte, daß sich die meisten Kometen auf elliptischen Bahnen um die Sonne bewegen und somit als Mitglieder des Sonnensystems zu betrachten sind.

Bereits im Jahre 1804 hatte Friedrich Wilhelm Bessel (1784 - 1846) neu aufgefundene Unterlagen über den Halleyschen Kometen ausgewertet und die von Edmond Halley angegebenen Bahndaten bestätigt. Das Ergebnis seiner 330 Seiten umfassenden Berechnungen verhalf dem gerade zwanzigjährigen Bessel zum wissenschaftlichen Durchbruch. 1810 wurde er zum Direktor der Sternwarte zu Königsberg ernannt, wo er die Wiederkehr des Halleyschen Kometen mit Spannung erwartete: Den Prognosen zufolge sollte die Sichtbarkeit des Kometen im Jahre 1835 weitaus besser sein

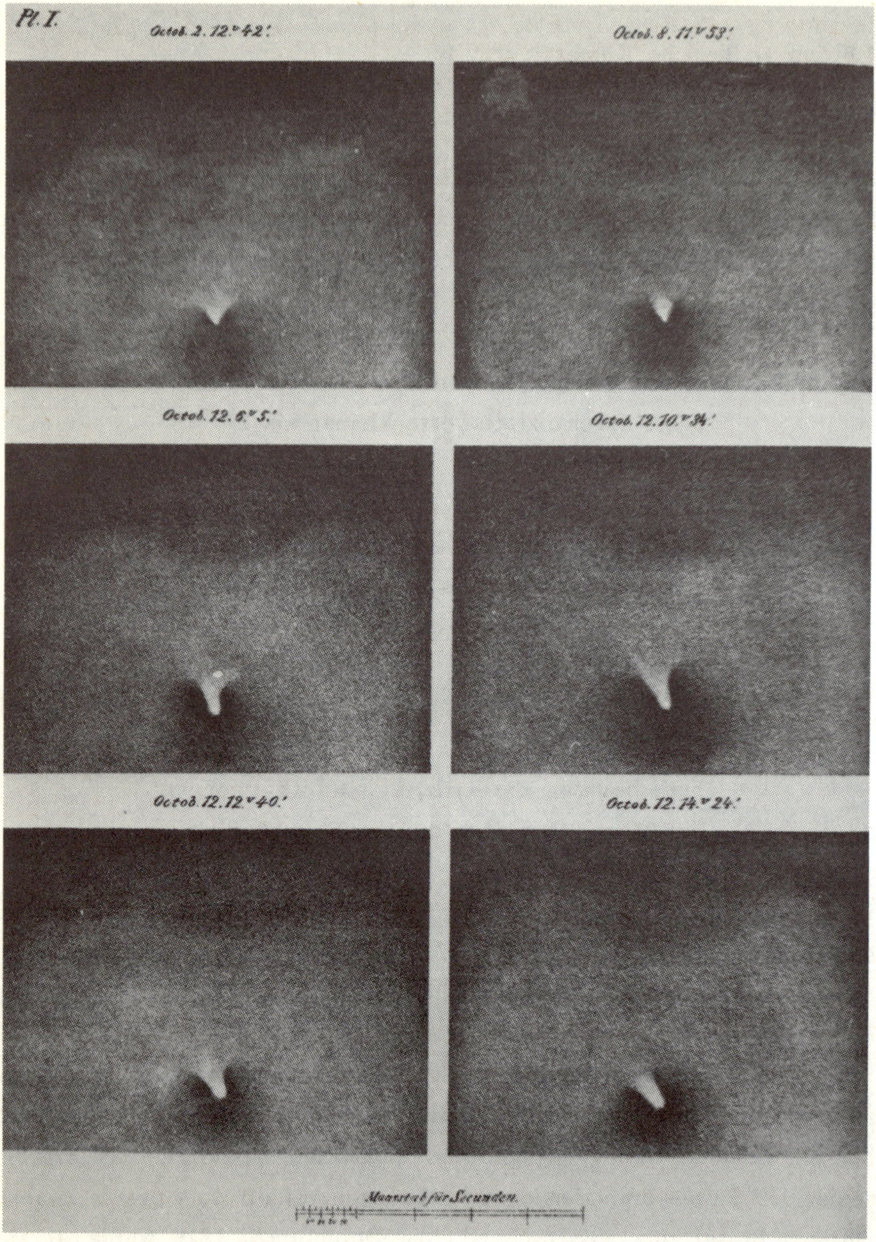
Pl. I.
Octob. 2. 12.h 42.'
Octob. 8. 11.h 53.'
Octob. 12. 6.h 5.'
Octob. 12. 10.h 34.'
Octob. 12. 12.h 40.'
Octob. 12. 14.h 24.'
Maasstab für Secunden.

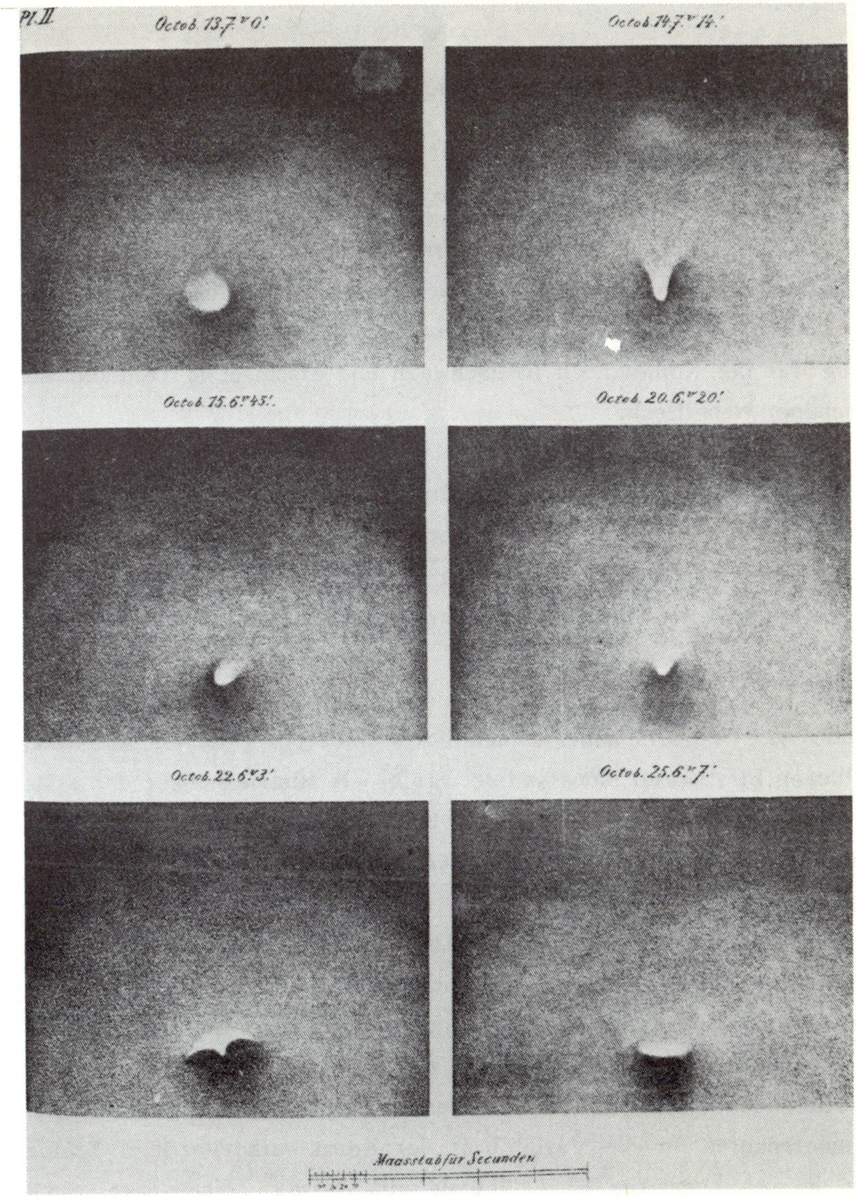

Abbildungen 15 und 16: Bessels Zeichnungen des Halleyschen Kometen aus dem Jahre 1835. Auffällig ist, wie sich die Gestalt der Koma in einem Zeitraum von weniger als acht Stunden veränderte.

als 1758/59.

Der Halleysche Komet wurde in Deutschland in der Nacht vom 21. auf den 22. August 1835 erneut gesichtet. Unabhängig voneinander schickten Geheimrat Kunowsky in Berlin und der Konservator der Breslauer Sternwarte, Hauptmann Boguslawski, am 23. August eine entsprechende Mitteilung an die „Astronomischen Nachrichten". Der Komet befand sich damals ziemlich genau an der Stelle, wo Friedrich Wilhelm Herschel am 13. März 1781 den Planeten Uranus entdeckt hatte. Am Tage seiner Sichtung war der Komet noch lichtschwach und erschien im Teleskop als verwaschener Nebelfleck.

Nachträglich stellte sich heraus, daß Stefano Dumouchel (1773 - 1840), Direktor der Sternwarte auf dem Collegio Romano in Rom, den Halleyschen Kometen bereits am 5., 6. und 7. August 1835 beobachtet und seine Position in eine Sternkarte eingetragen hatte. Die Veröffentlichung erschien jedoch erst später.

Im Laufe des Oktobers näherte sich der Komet der Erde bis auf rund 28 Millionen km. Gegen Monatsmitte war er als Himmelsobjekt der ersten Größenklasse ziemlich auffällig. Seine Bahn verlief zu diesem Zeitpunkt mitten durch das Sternbild Großer Bär, und der Komet konnte von Königsberg aus die ganze Nacht hindurch beobachtet werden. Vorübergehend wurde er sogar zirkumpolar. Als Resultat seiner Beobachtungen veröffentlichte Bessel zwölf präzise Zeichnungen des Kometen (Abbildungen 15 und 16). Die Änderung der Ausströmrichtung der Gase kommt durch die Rotation des Kometenkerns zustande - ein Prinzip, das jeder vom rotierenden Rasensprenger her kennt. Bessel machte ein Pendeln des Kometenkerns für die Variabilität der Koma verantwortlich. Später leitete der Astrophysiker Fred Whipple aus Bessels Zeichnungen einen Wert von 10.3 Stunden für die Rotationsdauer des Kometenkerns ab.

Bessel wurde vor allem durch die Bestimmung der Parallaxe des Fixsterns

61 Cygni im Jahre 1838/39 bekannt. Er benutzte dazu ein von Fraunhofer geliefertes Heliometer und leitete damit die Geburtsstunde der Entfernungsbestimmung im Weltall ein! Die Deutsche Bundespost würdigte das wissenschaftliche Wirken des Königsberger Astronomen mit der Herausgabe einer Sonderbriefmarke (Abbildung 17).

Abbildung 17: Sonderbriefmarke der Deutschen Bundespost zum 200. Geburtstag von Friedrich Wilhelm Bessel im Jahre 1984.

1.9 Max Wolf und der Halleysche Komet im Jahre 1910

Wer die Universitätsstadt Heidelberg besucht, sollte es sich nicht nehmen lassen, einen Bummel durch die Märzgasse zu unternehmen. Am Haus Nr. 16 erinnert eine kleine Gedenktafel an den Heidelberger Astronomen Max Wolf, der den Halleyschen Kometen bei seiner letzten Wiederkehr als erster entdeckte. Im Hinterhof des Bürgerhauses befindet sich eines der großartigsten Denkmäler der deutschen Astronomie - Max Wolfs Privatsternwarte.

Tuchfühlung mit der Astronomie bekam Max Wolf bereits als Schüler, als ihm sein Vater - Dr. Franz Wolf - ein kleines Fernrohr schenkte. 1879 ließ der wohlhabende Arzt seinem Sohn eine Terrasse bauen, von der aus er ungestört mit einem größeren Teleskop die Wunder des gestirnten Himmels erforschen konnte. Sechs Jahre später legte der Vater mit dem Bau einer Privatsternwarte den Grundstein für das wissenschaftliche Wirken seines Sohnes Max.

Da es an der Universität Heidelberg keinen Lehrstuhl für Astronomie gab, studierte Max Wolf zunächst Mathematik und Physik. Im Wintersemester 1884/85 siedelte er nach Straßburg über und belegte dort Astronomie. Anschließend zog es ihn nach Stockholm, wo er sich bei Hugo Gylden, einem führenden Theoretiker, auf die Habilitation vorbereitete. Ab dem Sommer 1890 hielt Wolf selber astronomische Vorlesungen an der Heidelberger Universität.

Frühzeitig hatte Max Wolf die Bedeutung der Fotographie für die Astronomie erkannt: Ein gutes Foto konnte viele schwache Sterne und Nebelflecken zeigen, die der direkten Beobachtung mit dem Fernrohr entgingen. Die damals gebräuchlichen Refraktoren waren wegen ihres kleinen Öffnungsverhältnisses und des damit verbundenen engen Gesichtsfeldes für die Himmelsfotographie wenig geeignet. Wolf hingegen erkannte, daß hierfür Instrumente mit großen Öffnungen und kurzen Brennweiten erforderlich waren.

Zur Verwirklichung seines Ziels mußte er erhebliche Pionierarbeit leisten - eine Bestellung astronomischer Geräte „nach Katalog" war damals noch nicht möglich. Stattdessen mußte Wolf die optische Industrie anregen, die erforderlichen Instrumente nach seinen Plänen zu bauen. Er kümmerte sich sogar um die richtige Zusammensetzung der Emulsionen

Abbildung 18: Max Wolf (21.6.1863 - 3.10.1932)

für die fotographischen Platten. Wolf besaß die seltene Begabung, seine Theorien stets in die Praxis umsetzen zu können. Auf diese Weise stand er in ständigem Kontakt mit führenden Männern der optischen Industrie. Ohne die Entwicklung der entsprechenden optischen Hilfsmittel wäre sein wissenschaftlicher Erfolg undenkbar gewesen.

1893 reiste Wolf nach Amerika, um die Einrichtung moderner Großsternwarten zu studieren. Er hatte dabei das Ziel vor Augen, seine Privatsternwarte und die Landessternwarte in Karlsruhe zu einem Institut zusammenzulegen. Als idealer Standort wurde der Gipfel des Königstuhls bei Heidelberg erwogen. Wolf hatte Glück. In Amerika lernte er eine Gönnerin für sein Projekt kennen, die die Mittel für ein Doppelfernrohr mit 40 cm Objektivöffnung stiftete. Durch weitere Spenden und die großherzogliche Unterstützung konnte sein Vorhaben reifen - schon 1898 wurde das Observatorium auf dem Königstuhl feierlich eröffnet. Es war in zwei Institute gegliedert; das astronomische unter Professor Valentiner und das astrophysikalische unter Max Wolf. Als Valentiner im Jahre 1909 in den Ruhestand trat, wurde Wolf alleiniger Direktor beider Institute.

Wolfs Arbeit trug wertvolle Früchte. Der Heidelberger Astronom entdeckte nicht weniger als 582 Kleinplaneten. Einem der Himmelskörper gab er den Namen Heidelberga, ein anderer trägt den Namen seiner Frau - Gisela. Die fotographische Methode erlaubte Wolf unter Zuhilfenahme des Stereokomparators erstmals die Auffindung zahlreicher Sterne mit großer Eigenbewegung.

Am 11. September 1909 entdeckte Wolf den Halleyschen Kometen auf einer seiner Fotoplatten. In seinem Tagebuch hielt er folgende Notiz fest: „Komet Halley früh gefunden und nach Kiel gemeldet, große Aufregung gewesen."

Wolf hatte den 72-cm Reflektor benutzt und dessen Platte eine Stunde lang belichtet. Später wurde der Komet auch auf Himmelsaufnahmen entdeckt, die am 24. August in Helwan in Ägypten und am 9. September in Greenwich entstanden. Wolf jedoch hatte seine Entdeckung zuerst gemeldet.

Als einige Monate später die Tageszeitungen über den Kometen berichteten und unter den abergläubischen Menschen Weltuntergangsstimmung herrschte, vermerkte Wolf in seinen Aufzeichnungen: „20 Zeitungen! Die Zeitungen und das Telephon und der Halley, das Rabenaas!!!... Jeder Blinde sieht den Einfluß des Halley."

Aus Wolfs Leben sei eine kleine Anekdote erwähnt. Wolf hatte einen Doktoranden mit sehr kühnen Ideen - Hermann Oberth - der im Jahre 1923 durch den Raumfahrt-Klassiker „Die Rakete zu den Planetenräumen" populär wurde. Oberth, der heute als Pionier auf dem Gebiet der Raketenentwicklung gilt, hatte damals bereits auf dem Papier eine Flüssigkeitsrakete mit allen technischen Einzelheiten konstruiert. Als er die Ergebnisse seiner Überlegungen zu einer Doktorarbeit zusammenfassen wollte, wurde diese von Max Wolf abgelehnt. „Zu schülerhaft", hieß es in der Begründung. Die kühnen Thesen des jungen Mannes waren für Max Wolf anscheinend zu hoch. Schließlich konnte er nicht ahnen, daß im Jahre 1985/86 eine internationale Armada von Raumsonden dem Halleyschen Kometen entgegenfliegen würde.

1.9.1 Die Erscheinung des Kometen

Anfang 1910 war der Halleysche Komet mit optischen Hilfsmitteln leicht am Abendhimmel auffindbar. Ab Februar konnte eine Schweifentwicklung verfolgt werden. Der Kern des Kometen war auffallend gelb bis orange-gelb gefärbt. Anfang März verschwand der Komet in der Abenddämmerung und tauchte erst sechs Wochen später wieder am Morgenhimmel auf. Über die Sichtbarkeit von Heidelberg aus stellte Max Wolf fest: „Der Halleysche Komet wurde hier morgens öfters beobachtet und von Helffrich am Bruce-Teleskop, von Lorenz am Sechszöller und vom Unterzeichneten am Reflektor aufgenommen. Die tiefe Lage in der Dämmerung verhinderte aber jede bessere Aufnahme oder Beobachtung. Bemerkenswert ist höchstens eine Spektralaufnahme vom 12. Mai, die einiges Detail zeigt, die aber auch schon durch die Dämmerung entstellt ist. Neben dem intensiven kontinuierlichen Spektrum des Kernes sind die hauptsächlichsten Emissionslinien aber relativ schwach angedeutet.

Die Helligkeit des Kerns ist verschiedentlich geschätzt worden. Er war nie so hell wie 8 Pegasi. Aber der Kopf als Ganzes war beträchtlich heller. Wenn alle Sterne für das Auge längst verschwunden waren, konnten nur der Komet und die allerdings viel hellere Venus noch gesehen werden.

Der Schweif war stets recht schwach. Die entferntesten Teile hatten nicht die Hälfte der Helligkeit der Milchstraße in Aquila. Die dem Kerne benachbarten Teile waren natürlich beträchtlich heller, kamen aber wegen der einsetzenden Dämmerung nicht zur Geltung."

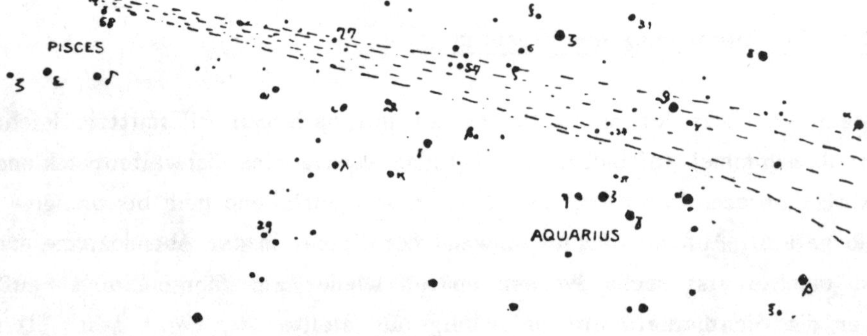

Abbildung 19: Die Lage des Kometen am 12. Mai 1910

Am 20. April befand sich der Komet im Perihel seiner Bahn. Bis zum Tage der größten Erdnähe am 18. Mai (Minimaldistanz Erde - Komet 22.5 Millionen km) nahmen Helligkeit und Schweiflänge rapide zu. Am 19. Mai verabschiedete sich der Komet vom Morgenhimmel und wechselte wieder zum Abendhimmel über.

Zum Zeitpunkt der Morgensichtbarkeit war er in Deutschland wegen ungünstiger Witterungsverhältnisse nur selten zu sehen. Ein Mitarbeiter des Observatoriums in Potsdam berichtete: „Der Komet wurde in Potsdam am Steinheilschen Refraktor von 13.5 cm Öffnung und 216 cm Brennweite mit nicht ganz 80-facher Vergrößerung seit dem 26. April an allen Morgen, an denen es die Witterung überhaupt gestattete, von seinem Aufgange an beobachtet, bis er in der Dämmerung verschwand. ... Da der Osthimmel fast immer von dichtem Dunst oder Wolken mehr oder weniger bedeckt war, konnte der Komet häufig nur in Wolkenlücken gesichtet werden, und gewöhnlich war die Dämmerung, wenn er sich über die Dunstschicht erhob, schon zu weit fortgeschritten, als daß noch Beobachtungen gemacht werden konnten. Aus dem gleichen Grunde gelang es nur an zwei Morgen (1. und 7. Mai), für photometrische Zwecke brauchbare photographische Aufnahmen des Kometen zu erhalten.

Im allgemeinen war der Kern des Kometen in rötlich gelbem Licht mehr oder weniger verwaschen mit der Koma sichtbar. ... Schweifansätze waren meist nur angedeutet und konnten einigermaßen deutlich nur am Morgen des 5. Mai verfolgt werden. ... Ihre Länge an diesem Morgen betrug nur einige Bogenminuten, der Kern war verwaschen und oval, der innere Teil der Koma scharf abgegrenzt. Eine deutlich sternartige Abgrenzung des Kernes gegen die Koma zeigte der Komet erst am 6. Mai. ... Am 11. Mai konnte der Komet nur zwischen Wolken beobachtet werden, er war wieder verwaschen und schien wesentlich schwächer geworden zu sein. Auch am 13. Mai war er nur noch schwach zu sehen und ebenso am 14. und 15. Mai. Am 16. Mai wurde er nicht mehr gefunden."

Wegen der besseren Durchlässigkeit der oberen Luftschichten, waren Höhenstationen für die Beobachtung vorteilhaft. Eine Arbeitsgruppe des Potsdamer Observatoriums hatte zwei Standorte am Fuße des Pico de Teide auf der Kanareninsel Teneriffa gewählt. Ihr Arbeitsbericht wurde in den „Astronomischen Nachrichten" veröffentlicht und ist hier auszugsweise wiedergegeben:

„Wir haben diesen Aufenthalt benutzt, um dem Halleyschen Kometen andauernd unsere Aufmerksamkeit zu widmen, und es ist uns gelungen, an elf Tagen 26 photographische Aufnahmen zu erhalten. ... Die verhältnismäßig niedrige Breite des Beobachtungsortes (+ 28°) hat sich wegen der kürzeren Dauer der Morgendämmerung als günstig erwiesen. Während nach allen bisherigen Berichten der Komet im Norden Europas und speziell in Deutschland am Morgenhimmel selten unter günstigen atmosphärischen Bedingungen beobachtet werden konnte, zeigte er sich auf Teneriffa auf unseren Beobachtungsstationen in 2000 bzw. 3300 Meter Höhe bereits Anfang Mai als prachtvolle Erscheinung, Mitte Mai hatte der Kern für das bloße Auge die Helligkeit eines Sternes 1. Größe, und die Länge des Schweifes wurde auf 50 bis 60° geschätzt. ... Auf unserer höheren Beobachtungsstation „Alta Vista" war die Witterung so günstig, daß vom 7. bis zum 14. Mai, als wir die Beobachtungen abbrachen, ohne Ausnahme an jedem Tag Aufnahmen des Kometen, teils mit der Stereoskop-Kamera, teils mit einem Görzschen Anastigmaten von 180 mm Brennweite gemacht werden konnten. Während dieser ganzen Zeit war der Komet in der reinen und durchsichtigen Höhenluft schon bald nach seinem Aufgang eine prachtvolle Erscheinung. Die Helligkeit des Kerns wurde an den letzten Tagen weit höher als die eines Sterns 1. Größe geschätzt, die Länge des Schweifes erreichte am 7. Mai nach den Schätzungen mit dem bloßen Auge mindestens 20°, am 10. Mai mindestens 30° und am 14. Mai bei etwas dunstiger Luft etwa 50 bis 60°. In der Nacht vom 18. zum 19. Mai, die wir in Orotava zubrachten, war der Himmel mit leichtem Gewölk bedeckt; irgendeine auffällige Erscheinung konnte nicht wahrgenommen werden."

Abbildung 20: Für irdische Betrachter zog der Komet am 13. Mai 1910 an der Venus vorbei. Diese Konstellation dürfte einen bleibenden Eindruck hinterlassen haben.

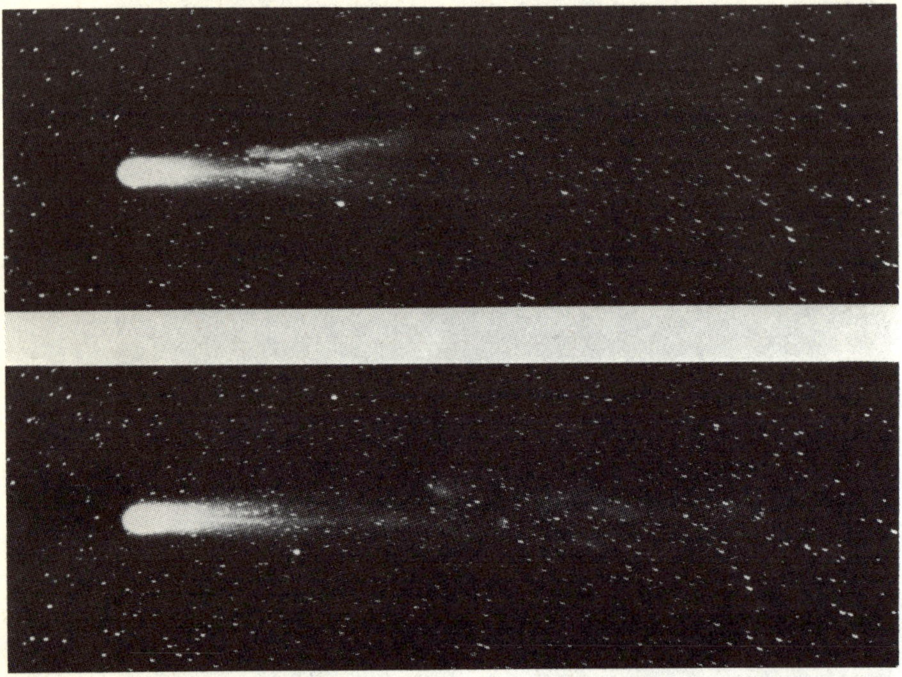

Abbildung 21: Oberes Teilbild - am 6. Juni 1910 löste sich vom Kometen ein Plasmaschweif. Unteres Teilbild - einen Tag später konnte der alte Schweif (Bildmitte) nur noch mit Mühe beobachtet werden.

Der Auftritt des Schweifsterns auf der kosmischen Bühne wurde von der Bevölkerung mit einer Mischung aus Spannung und Unbehagen verfolgt. Die Abergläubischen fürchteten Unheil, und im US-Bundesstaat Oklahoma konnten Sheriffs gerade noch rechtzeitig Wahnsinnige, die sich als „Select Followers" bezeichneten, daran hindern, eine Jungfrau zu opfern.

Die Kölner Volkssternwarte wandte sich vor einiger Zeit über die astronomische Zeitschrift „Sterne und Weltraum" an hochbetagte Mitbürger, die sich noch persönlich an die Erscheinung von 1910 erinnern können. Die Resonanz war aus naheliegenden Gründen gering. In folgendem sind auszugsweise zwei Augenzeugenberichte von Laien wiedergegeben, die auch einen Eindruck über die Stimmung in der Bevölkerung vermitteln. So schreibt eine gebürtige Gräfin aus Österreich: „Ich bin im September 1902 geboren und habe mich seit meiner Kindheit in allerdings laienhafter Weise für die Sternenkunde interessiert.

Begonnen hat dieses Interesse 1910 beim Anblick des wundervollen Kometen. Wir wohnten auf dem Gut Staatz meines Vaters, bei Mirtelbach im nördlichen Niederösterreich gelegen, ungefähr 60 Kilometer von Wien entfernt. Ich hatte schon gehört, daß ein besonders großer Stern zu sehen sein würde, sowohl von meinen Eltern als auch von der Dienerschaft, welche sich sehr fürchtete und schreckliches Unglück als Folge dieses Naturereignisses erwartete. Das im Biedermeierstil erbaute Schloß Staatz - im 2. Weltkrieg zerstört - lag am Südhang der sogenannten Staatzklippe, eines ungefähr 100 Meter hohen Sandsteinkegels, der sich völlig unerwartet aus der vollkommen flachen Ebene südlich des Städtchens Laa erhebt. Der Gipfel des Hügels wird von einer mittelalterlichen Ruine gekrönt, und über dieser wurde uns Kindern im Hof des elterlichen Schlosses im Mai 1910 der erwartete Stern gezeigt, der mich ungeheuer beeindruckte. Er war sehr hell und hatte einen langen leuchtenden Schweif. ... Es war so schön, so großartig, so gar nicht erschreckend, daß ich jetzt im Alter von 78 Jahren noch gern an das Naturschauspiel zurückdenke. Die ängstlichen Zeitgenossen beruhigten sich auch bald, und es dauerte nicht allzu lange, da waren der Schreck und die Angst vergessen, und das tägliche Leben nahm seinen gewohnten Lauf."

Weniger beeindruckt war eine Kölner Schriftstellerin. Sie erinnert sich: „1910 sollte der Halleysche Komet auch über Köln erscheinen! Ich war damals noch sehr jung und das, was man einen Backfisch nannte. An Astronomie war ich eigentlich weniger interessiert, mehr an meinem Studium und Kölscher Lebensfreude. Aber das da mit dem Kometen - das war doch ein Ding! Unheil lag in der Luft. Die Leute gingen meistens nachdenklich und sichtbar bedruckt umher. Tagesgespräch Nummer eins

Abbildung 22: Der Kopf des Halleyschen Kometen enthält einen hellen Kern. Glaubte man 1910 noch, daß es sich hierbei um den eigentlichen Kometenkörper handele, so wurde man inzwischen eines Besseren belehrt. Der eigentliche Kometenkern ist viel zu klein, um visuell erfaßt zu werden.

in den Tante Emmaläden war: der Halleysche Komet. Meine Mutter, 1850 geboren, verging fast vor Angst, denn sie war fest überzeugt: „Das gibt ein furchtbares Unglück. Wenn der Komet irgendwo abstürzt, platzt die ganze Welt auseinander. Also halten wir uns aneinander ganz fest und bleiben ruhig mitten im Wohnzimmer sitzen, denn wenn der Schweif an die Fenster knallt, gehen diese sofort kaputt, und das ganze Haus fliegt in die Luft." Ich war ziemlich autoritär erzogen worden, aber das Generationsproblem gab es auch damals schon. Und da ich ein helles

Köpfchen hatte, brach auch bei mir die Emanzipation, wenn auch sehr behutsam, durch. Ich glaubte eigentlich nicht an so einen Quatsch, obwohl ich im Innersten doch ein wenig Bammel hatte. Aber die Neugier obsiegte, und ich beschloß zum Entsetzen meiner lieben Mutter, mir den Kometen anzuschauen. Die Gefahr blind zu werden, nahm ich dabei in Kauf.

Und dann kam der Komet! Leider habe ich den genauen Tag im Monat Mai vergessen. Meine Mutter saß mitten im Zimmer mit geschlossenen Augen und betete andächtig den Rosenkranz. Ich schaute zugegeben klopfenden Herzens zum Fenster hinaus und sah plötzlich eine längliche, sehr helle Lichterscheinung mit einem Schweif, der wie ein angehängter Nebel aussah - ziemlich undeutlich und verschwommen. Diese Erscheinung verschwand dann auch sehr schnell, so rasch wie sie aufgetreten war.

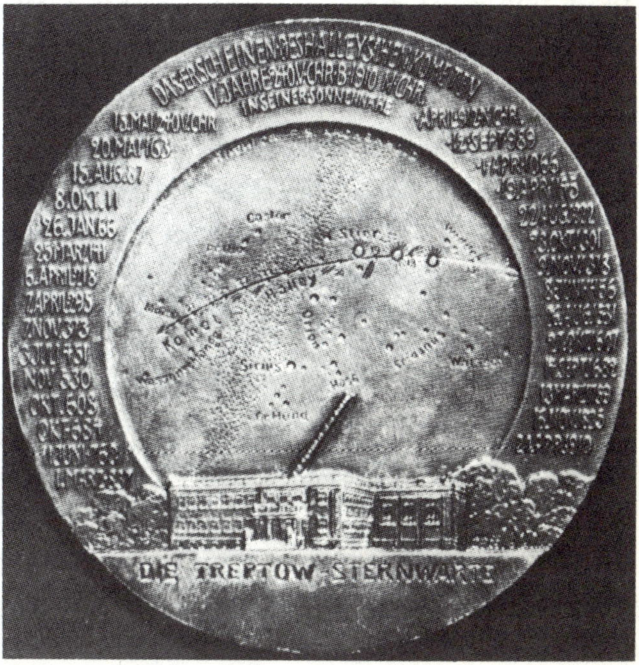

Abbildung 23: Eine Medaille der Treptower Sternwarte mit der Bahn des Halleyschen Kometen und den Periheldaten von 240 v. Chr. bis 1910.

Nun muß ich sagen, daß dieser Halleysche Komet für mich eine große, einschneidende Enttäuschung war. Ich hatte zwar kein Wort von all den Hiobsbotschaften und Unheilsängsten geglaubt, aber anders hatte ich mir doch dieses Weltwunder vorgestellt. Ich war fest überzeugt, so einen Schweifstern zu sehen, wie wir ihn von Bildern, Reliefs und Skulpturen als Stern von Bethlehem kannten - einen großen, strahlenden, gezackten Stern mit einem vom Himmel zur Erde reichenden taghellen Schweif. Das, was wir gesehen hatten, war dagegen gar nichts. Im Laufe der nächsten Jahre unterschied ich deshalb noch sehr viel mehr zwischen Illusionen, Fabeln und Realitäten; so hatte der Komet doch sein Gutes gehabt. Ein Mensch atmete aber richtig befreit auf, das war meine gute Mutter."

Soweit die Augenzeugenberichte zum Halleyschen Kometen. In der zweiten Hälfte des Jahres 1910 wurde der immer lichtschwächer werdende Komet von den Astronomen weiter beobachtet. Im Frühsommer des Jahres 1911 verlor man ihn dann endgültig aus den Augen

2 Natur und Herkunft der Kometen

„Ich glaube, daß Kometen die größten kleinen Hochstapler im Sonnensystem sind."
(Fred Whipple, 1977)

Bereits der Anblick eines hellen Kometen in einem kleinen Fernrohr zeigt, daß man drei wesentliche Teile zu unterscheiden hat:

1. Den Kometenkern - da er selbst unsichtbar ist, erscheint er gewöhnlich zusammen mit der Koma, als nebliger Fleck. Er bildet das eigentliche Zentrum des Himmelskörpers.

2. Die Koma - sie umgibt den Kern als diffus leuchtende, nebelartige Hülle, deren sichtbare Begrenzung allmählich in den Raum übergeht, zusammen mit dem Kometenkern bezeichnet man sie als den Kopf des Kometen.

3. Der Kometenschweif - er ist ein leuchtendes Band, das sich stets in einer von der Sonne abgewandten Richtung in den Raum hinaus erstreckt.

2.1 Hagelschauer kontra Schneeball

Über die Natur der Kometen wurde lange gerätselt. Im Jahre 1945 vertrat Henri Norris Russell aus Princeton (USA) folgende These: „Die geltende Auffassung über die Natur der Kometen ist, daß es sich um lose Schwärme von einzelnen Teilchen wahrscheinlich ganz unterschiedlicher Größe handelt, deren Abstände groß gegenüber ihren eigenen

Durchmessern sind."

Ein wesentliches Argument gegen die „Schwarmtheorie" war die Beobachtung, daß selbst sehr sonnennahe Kometen den Periheldurchgang gewöhnlich ohne ersichtlichen Schaden überstehen, während kleinere Partikel sich in Sonnennähe vollständig auflösen müßten.

Ein weiteres Gegenargument war die Beobachtung, daß das Licht eines Sterns, den ein Komet auf seiner Bahn kurzfristig bedeckt, immer nur unwesentlich geschwächt wird. Das bedeutet, daß die Brocken, aus denen der Komet nach der alten Schwarmtheorie bestehen müßte, soweit voneinander entfernt wären, daß sie sich nicht gegenseitig überdecken. Somit aber müßte, um die beobachtete Gasmenge zu erklären, ihre gesamte reflektierende Oberfläche (und damit die Helligkeit) um mehrere Zehnerpotenzen größer sein als die beobachtete.

Die Schwarmtheorie wurde nach 1950 durch die heute allgemein anerkannte Eismatrixtheorie von Fred Whipple abgelöst. Whipple charakterisierte einen Kometen als einen kilometergroßen kompakten Brocken aus Wassereis mit Verunreinigungen aus Kohlendioxid, Ammoniak und Methan mit einer charakteristischen Masse von 10^{15} bis 10^{19} Gramm. In dieses Eis sind kleine und kleinste staubartige Partikel, gelegentlich aber auch größere Blöcke eingebettet. Whipple veranschaulichte seine Kometenthese, indem er den Begriff „schmutziger Schneeball" prägte.

2.2 Der Ursprung der Kometen

Da bisher noch kein einziger Komet beobachtet wurde, der bei der Annäherung an die Sonne eine hyperbolische Bahn besaß, sind diese Himmelskörper als Mitglieder des Sonnensystems zu betrachten. Sie wurden zur gleichen Zeit wie die Sonne aus einem flachen rotierenden Gasnebel gebildet. Durch äußere Einflüsse bedingt, müssen die Kometen eine Veränderung ihrer ursprünglich nahezu kreisförmigen Bahn in eine sehr langgestreckte Ellipse erfahren haben. Solche Einflüsse können, wie schon J.H. Oort abschätzte, durch nahe vorbeiziehende Fixsterne oder, was nach neueren Untersuchungen wahrscheinlicher ist, durch Begegnungen mit dichten interstellaren Wolken erfolgen. Beides sind zwar sehr seltene Ereignisse, aber die Statistik zeigt, daß sie seit der Entstehung des Planetensystems vor 4.5 Milliarden Jahren häufig genug vorkommen konnten, um die beobachtete Zahl und die Bahnen der langperiodischen Kometen zu erklären.

Oort analysierte die Bahnen extrem langperiodischer Kometen und fand, daß ein ausgeprägtes Häufigkeitsmaximum mit großen Halbachsen von rund 150 000 AE existiert. Er schloß daraus auf eine „Wolke" von Kometen, deren Mitglieder verschiedene Bahnen mit diesen Halbachsen beschreiben. Oort schätzte, daß die Wolke einen Gesamtvorrat von 100 Milliarden Kometen beherbergt. Trotz der riesigen Zahl ergibt sich für die Gesamtmasse der Kometen aber nur ein Wert von 1/100 der Erdmasse.

In das innere Sonnensystem gelangende langperiodische Kometen sind unschätzbare Studienobjekte, denn seit ihrer Entstehung haben sie sich vorwiegend in so großer Entfernung aufgehalten, daß sie ihren ursprünglichen Zustand weitgehend konservieren konnten. Alle anderen Mitglieder des Sonnensystems hingegen haben sich im Laufe der Zeit wesentlich verändert. Die „neuen" Kometen stellen somit eine Art Urmaterie dar, an der man eine Reihe ungelöster, den Ursprung des Sonnensystems betreffende Fragen, studieren kann.

Leider ist es wegen der langen Vorbereitungsphase eines Raumfluges noch nicht möglich, einen neuen Kometen vor Ort zu untersuchen. Man muß sich daher mit einem Kompromiß begnügen: Der Halleysche Komet ist zwar nach seinen zahlreichen Periheldurchgängen nicht mehr „neu", besitzt aber noch eine ziemlich hohe Aktivität. Von den kürzerperiodischen

Kometen ist er mit Abstand der aktivste überhaupt. Die wesentlichen kometaren Erscheinungen lassen sich daher an ihm studieren. Andere Kometen, wie zum Beispiel Encke, haben hingegen bereits den größten Teil ihrer flüchtigen Substanzen eingebüßt.

2.3 Die Bahnen der Kometen

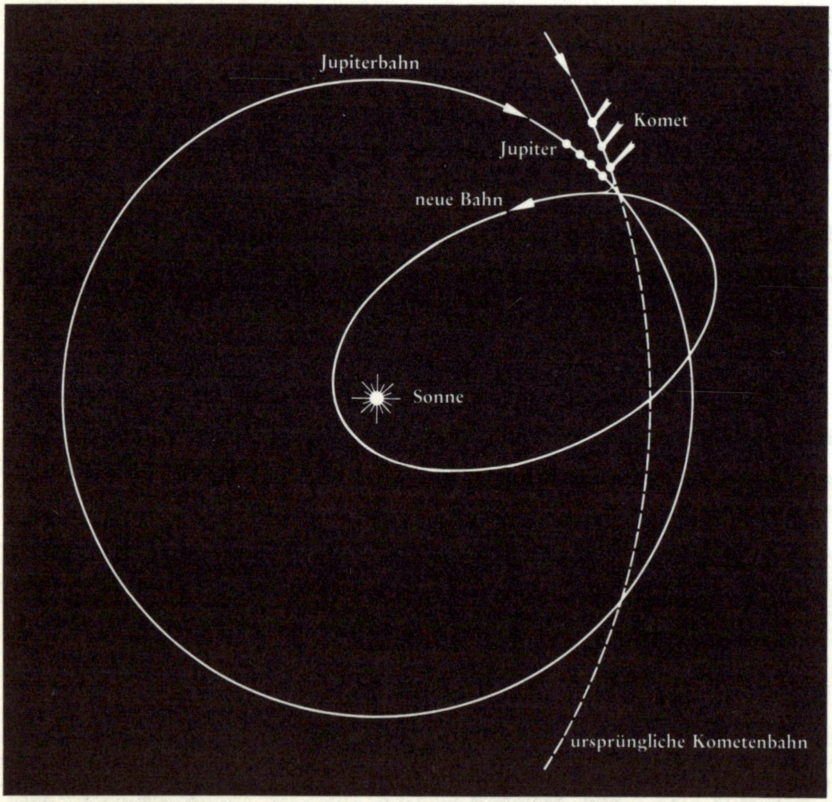

Abbildung 24: Die Entstehung von Kometenfamilien: Ein ursprünglich auf langgestreckter Bahn verlaufender Komet wird durch das Gravitationsfeld des Planeten Jupiter zu einem kurzperiodischen Objekt.

Dringen langperiodische Kometen in unser Planetensystem ein, dann können ihre Bahnen entscheidend beeinflußt werden. Wenn ein aus großer Distanz kommender Kometenkern sich der Sonne nähert, erfährt seine Bahn eine kleine Störung, die durch das Gravitationsfeld der Planeten bewirkt wird. Den größten Einfluß üben hierbei die massiven Planeten Jupiter und Saturn aus. Die Stärke der Störung hängt sowohl von den Bahnelementen des Kometen als auch von der Bahnstellung des störenden Planeten ab.

Auf diese Weise sind die kurz- und mittelperiodischen Kometen mit Umlaufzeiten zwischen fünf und einigen hundert Jahren entstanden. Auffälligstes Merkmal ihrer Bahnen ist das Zusammentreffen der Apheldistanzen mit den Bahnen der großen Planeten. Sie können daher zu Kometenfamilien geordnet werden. Interessanterweise existiert eine Familie, die sich möglicherweise dem hypothetischen Transpluto zuordnen läßt (siehe Tabelle 2). Der Komet Halley gehört zur Neptunfamilie (in Abbildung 24 ist die Entstehung von Kometenfamilien erläutert).

Tabelle 2: Kometenfamilien

Familie	Anzahl der Kometen	Mittlere Apheldistanz in AE	
		Kometen	Planet
Jupiter	53	5.5	5.4
Saturn	9	10.5	10.1
Uranus	3	19.8	20.1
Neptun	10	34.0	30.3
Pluto	5	53.5	49.4
Transpluto	11	88.4	?

Andererseits kann die Bahn von langperiodischen Kometen durch Gravitationseinflüsse einen Energiezuwachs erfahren und in eine Hyperbel übergehen. Diese Kometen verschwinden dann endgültig aus dem Sonnensystem.

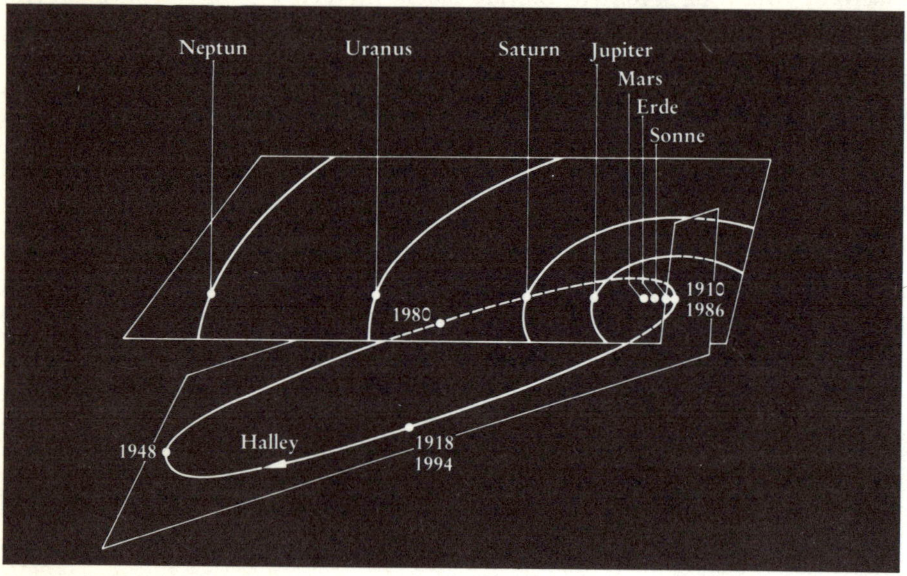

Abbildung 25: Die Bahn des Halleyschen Kometen verläuft weit südlich der Ebene, in der die Erde und die anderen Planeten die Sonne umlaufen. Der Komet schneidet diese Ebene in der Nähe der Erdbahn.

2.4 Das Verhalten eines Kometen in Sonnennähe

Mit der Annäherung an die Sonne beginnen die flüchtigen Stoffe des Kometen zu verdampfen, wobei der eingebettete Staubanteil wegen der nahezu fehlenden Gravitation mitgerissen wird. Es bildet sich eine 10^5 bis 10^6 km umfassende Atmosphäre, Koma genannt. Während die Gasdichte in der Nähe des Kernes bei $1o^{12}$ bis 10^{14} Molekülen pro Kubikzentimeter liegt, nimmt sie zum Rande hin auf 10^2 bis 10^4 Moleküle pro Kubikzentimeter ab. Bei weiterer Annäherung bildet sich dann ein stets von der Sonne fortgerichteter Schweif, dessen Länge bei sonnennahen Kometen auf 10^8 km anwachsen kann (Abbildung 26).

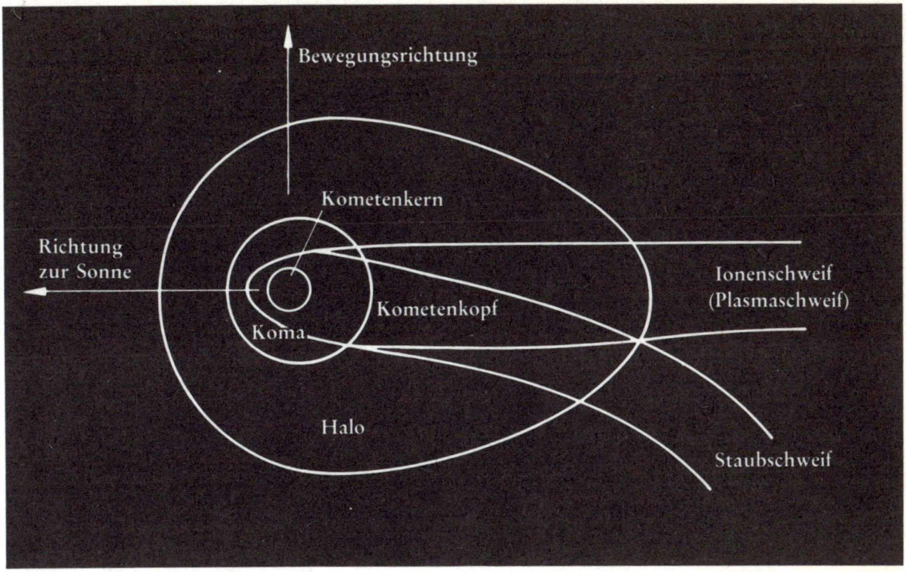

Abbildung 26: Aufbau eines Kometen in Sonnennähe.

Das ionisierte Gas und der kometare Staub verhalten sich in Sonnennähe unterschiedlich. Daraus resultiert eine Doppelnatur des Schweifes:

1. ein langgestreckter oder nur schwach gekrümmter Ionenschweif,
2. ein diffuser Staubschweif.

Da sich beide Schweiftypen häufig gegenseitig überlagern, sind sie nur in Einzelfällen getrennt zu beobachten. Die Materiedichte im Schweif ist noch wesentlich geringer als in der Koma. Eine plausible Vorstellung von dieser verschwindend geringen Dichte könnte die von einem Menschen einmalig ausgeatmete Luft, verteilt im Rauminhalt des Atlantischen Ozeans, liefern. Das ist eine Milliarde milliardenmal weniger als die Luftdichte in Meereshöhe, entspricht aber der Dichte der Korpuskularströme. Wechselwirkungen zwischen den Teilchen sind daher nur in der unmittelbaren Umgebung des Kerns zu erwarten.

Tabelle 3: Eigenschaften der Kometen

Teil des Kometen	Zusammensetzung (siehe insbesondere Kapitel 2.6)	Erscheinung	Dimension (km)
Kern	eisförmige „Matrix"	unsichtbar	maximal 30
Koma (sichtbar)	neutrale Moleküle, Staubanteile	nahezu sphärische Form	10^5 - 10^6
Koma (ultraviolett)	Wasserstoff, Hydroxyl	sehr groß mit Verlängerung in der sonnenabgewandten Richtung	10^6 - 10^7
Ionenschweif	ionisierte Gase, Hauptbestandteil CO^+	im verlängerten Vektor Sonne - Komet nahezu gerade	maximal 10^2
Staubschweif	Staubpartikel	gekrümmt	maximal 10^8

Unter den kurzperiodischen Kometen ist Halley bei weitem der spektakulärste. Bei seiner letzten Wiederkehr im Jahre 1910 entwickelte er einen gewaltigen Schweif von etwa 100 Millionen Kilometern Länge und eine ausgedehnte, sichtbare Koma von etwa 100 000 km Durchmesser. Seine

Bahn reicht bis zu dem äußeren Planeten Neptun, der sonnennächste Punkt liegt bei 0.6 AE. Der Umlaufsinn des Kometen ist retrograd, also dem der Planeten entgegengerichtet.

Im Mai 1910 zog der Kopf des Halleyschen Kometen zwischen Erde und Sonne hindurch. Eine amerikanische Expedition reiste damals in Erwartung des Ereignisses nach Hawaii mit der Hoffnung, den Kern des Kometen als Silhouette vor der Sonnenscheibe zu sehen. Die Astronomen hatten Pech: Sie konnten keinen Kern sichten. Hätte dieser nur ein Tausendstel des Monddurchmessers aufgewiesen, so wäre er noch als Silhouette erkennbar gewesen.

Die Comet Halley Science Working Group (CHSWG) der NASA hat vor einiger Zeit die physikalische Größe des Kometen, speziell des Kerns untersucht. Da der Komet Bennett (1970 II) dem Halley in mancher Hinsicht ähnelt, diente dieses mit modernsten Hilfsmitteln untersuchte Objekt als Modellstütze. Danach ergeben sich für Halley folgende Werte:

Radius:	~ 2.5 km
Dichte:	$\sim 1\ g \cdot cm^{-3}$
Masse:	$\sim 6.5 \cdot 10^{16}$ g
Fluchtgeschwindigkeit:	$\sim 2\ m \cdot s^{-1}$
Rotation:	siehe Kapitel 2.5
Form:	irregulär
mechanische Festigkeit:	$\leq 10^{5}$ dyn $\cdot$ cm^{-2}; leicht zerbrechlich
Albedo:	0.4
Struktur:	sehr inhomogen
Magnetfeld:	wahrscheinlich Null
Oberflächentemperatur:	200 K bei 1 AE, variiert mit $r^{-0,07}$

2.5 Die Rotation des Kometenkerns

Da sich ein Komet wie ein gewöhnlicher Himmelskörper um seine eigene Achse dreht, gibt es auf ihm „Tages- und Nachtzeiten". Das Oberflächeneis ist dann abwechselnd der Sonne zugeneigt oder aber von ihr abgewandt. Am „Morgen" eines jeden „Kometentages" erwärmt die Sonne das Eis, so daß es seine maximale Temperatur am „späten Nachmittag" erreicht. Vom sublimierenden Eis strömen Gase ab, so daß der Kern einen Rückstoß entgegengesetzt zur Strömungsrichtung der Gase erfährt.

Rotiert nun der Kern entgegengesetzt zum Umlaufsinn der Kometenbahn, dann verursacht der Rückstoß der verdampfenden Gase eine der Kometenbewegung entgegengerichtete Komponente. Dadurch wird der Komet leicht abgebremst, seine Bahn verläuft in kleinerem Abstand zur Sonne, und die Umlaufzeit wird infolgedessen kürzer. Besitzt die Eigendrehung des Kerns hingegen den gleichen Drehsinn wie der Bahnumlauf, so wird der Komet nach diesem Mechanismus beschleunigt, seine Umlaufbahn „weitet" sich auf, und die Ankunft im Perihel verzögert sich. Beide Effekte werden mit etwa gleicher Häufigkeit beobachtet, was auf eine Zufallsverteilung des Drehsinns hindeutet.

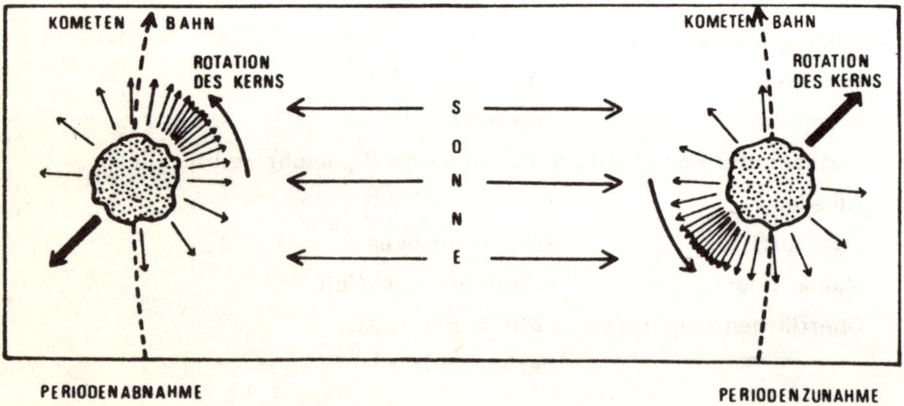

Abbildung 27: Asymmetrische Materieemission bewirkt eine Abbremsung (links) bzw. Beschleunigung (rechts) der Bahnbewegung des Kometenkerns.

Beim Halleyschen Kometen verzögert sich die Ankunft im Perihel nach Abzug der planetarischen Störungen jeweils um vier Tage. Demnach muß der Kern des Kometen den gleichen Drehsinn wie der Bahnumlauf besitzen.

Über die Rotationsdauer des Halleyschen Kometen existieren widersprüchliche Angaben. So gibt Fred Whipple einen Wert von 10.3 Stunden an. Dieser Wert stützt sich auf Zeichnungen, die Friedrich Wilhelm Bessel anfertigte (siehe Kapitel 1.7). Daneben treten in der Literatur jedoch auch Angaben über 40 bzw. 48 Stunden auf. Da man die Rotation des Kometenkerns in Sonnennähe wegen der umgebenden Koma nicht direkt bestimmen kann, sind alle diese Werte möglicherweise fehlerhaft.

Besonderes Augenmerk verdient daher eine direkte Messung, die 1984 von Astronomen der Sternwarte von Meudon bei Paris gemacht wurde. Die Pariser Astronomen stellten fest, daß der herannahende Halleysche Komet einen periodischen Lichtwechsel, ähnlich dem Rotationslichtwechsel eines Asteroiden aufweist. Zum Zeitpunkt der Messung war der Komet noch so weit von der Sonne entfernt, daß keine Komaentwicklung zu beobachten war. Aufgrund des Lichtwechsels halten die Astronomen in Meudon nunmehr einen Rotationswert von etwas mehr als 24 Stunden für wahrscheinlich.

2.6 Die chemische Zusammensetzung eines Kometen

Mit der Annäherung an die Sonne erfährt ein Komet eine immer stärkere, von der Albedo des Kerns abhängige Erwärmung. Zunächst wird wegen der wahrscheinlich nicht sehr großen Wärmeleitfähigkeit des Materials nur die äußere Kruste erwärmt - ein Prozeß, der sich nach und nach auch bis ins Innere auswirken dürfte.

Insbesondere die Radioastronomie hat bisher wertvolle Hinweise über das

Verhalten eines Kometen in Sonnennähe geliefert. In einer Entfernung von 4 bis 5 AE läßt sich Wasser in der Gasphase nachweisen. Mit weiterer Annäherung an das Zentralgestirn tauchen im Spektrum immer weitere Komponenten auf.

Die Gasproduktion ist im Perihel am größten. Wenn der Halleysche Komet sich am 9. Februar 1986 im sonnennächsten Punkt seiner Bahn befindet, wird die Verdampfungsrate mit 1.4×10^{30} Molekülen pro Sekunde ein Maximum erreichen - 80 % davon sind Wassermoleküle. Das entspricht einer „Tagesproduktion" von 3.6 Millionen Tonnen.

L. Biermann und E. Trefftz äußerten 1964 die Vermutung, daß der Kopf eines Kometen von einer ausgedehnten Wasserstoffhülle umgeben sei. Die ersten mit Hilfe von Raumsonden gewonnenen Ultraviolett-Aufnahmen der beiden großen Kometen Tago-Sato-Kosaka und Bennett im Frühjahr 1970 bestätigten diese These. Die große Atmosphäre atomaren Wasserstoffs wurde im Licht der Lyman-α- Linie aufgenommen. Ihr Durchmesser betrug einige 10^6 km - das entspricht dem zehnfachen Wert der sichtbaren Koma.

In den Spektren von Kometen mit kleinen Periheldistanzen wurden Natrium und Sauerstoff beobachtet. Ein Beispiel für einen extrem sonnennahen Kometen ist der nach zwei Japanern benannte Ikeya-Seki aus dem Jahre 1965. Er passierte die Sonne in einer Entfernung von nur 450 000 km, das bedeutet eine vorübergehende Erhitzung seiner Oberfläche auf etwa 4000 °C! Bei solchen Kometen treten sogar die zu den schwerflüchtigen Bestandteilen gehörigen Atome Eisen, Mangan, Nickel, Calcium und Chrom im Linienspektrum auf.

Als charakteristische Bestandteile der Koma wurden die Molekülfragmente CN, C_2, C_3, CHO, CH, NH, NH_2 und OH nachgewiesen. Es handelt sich dabei um Dissoziationsprodukte komplexer Moleküle, die im sichtbaren Bereich durch Resonanzfluoreszenz strahlen. Die typischen Ionenschweife werden durch die ionisierten Moleküle CO^+, N_2^+, CO_2^+ und CH^+ gebildet (siehe auch Kapitel 2.6.1).

Am Beispiel des Kometen Kohoutek gelang die Identifizierung der neutralen Moleküle HCN (Blausäure) und CH_3CN (Azetonitril). Interessanterweise treten sie auch im interstellaren Medium auf. Es scheint demnach eine auffällige Ähnlichkeit zwischen der Chemie der Kometen und der interstellaren Chemie zu existieren.

Wertvolle Studienobjekte, aber leider äußerst seltene Gäste, sind erdnahe Kometen wie IRAS-Araki-Allcock, der im Mai des Jahres 1983 die Erde in nur elffacher Mondentfernung passierte. Er war der erste Komet, der von einem Forschungssatelliten aus entdeckt wurde. Als Radioastronomen ihn mit dem 100-m-Radioteleskop in Bad Münstereifel-Effelsberg bei 1.3 cm Wellenlänge beobachteten, konnten sie zum ersten Mal Ammoniak (NH_3) in einem Kometen nachweisen. Einige Zeit später teilte C.B. Cosmovici von der Deutschen Forschungs- und Versuchsanstalt für Luft- und Raumfahrt (DFVLR) in Wessling mit, daß das Fragment HCO und das Neutralmolekül H_2S (Schwefelwasserstoff) als weitere Bestandteile nachgewiesen werden konnten.

HCO ist ein kurzlebiges Fragment und wird von den im Kern von Kometen wahrscheinlich vorkommenden Ameisensäure- und Formaldehydmolekülen gebildet. Die bereits erwähnte Verwandtschaft zur interstellaren Chemie tritt dadurch immer augenscheinlicher hervor. Gerade auf diesem Sektor wird man besonderes Augenmerk auf die Halley-Mission richten. Eine Zusammenstellung aller bisher identifizierten Bestandteile ist in Tabelle 4 wiedergegeben.

Wie entstehen die beobachteten Fragmente? Für das Auftreten der CN-Banden wird die Dissoziation von HCN (Blausäure) und CH_3CN (Azetonitril) verantwortlich gemacht, während H_2O als OH (Hydroxyl)-Quelle in Frage kommt. Ammoniak (NH_3) ist wahrscheinlich das Muttermolekül für NH_2, wogegen für das Auftreten von NH gemäß der Reaktionsgleichung (1)

$$R\text{-}NH_2 + h\nu \longrightarrow NH^* + RH \quad (1)$$

(R = organischer Molekülrest)

die Bildung aus primären Aminen (Abkömmlinge des Ammoniaks mit einem organischen Rest R im Molekül, allgemeine Formel RNH_2) und Hydrazin (eine Stickstoff-Wasserstoffverbindung der Formel N_2H_4) als gleichermaßen wahrscheinlich angesehen wird.

Tabelle 4: Teilchen, die bisher in der Koma und im Schweif von Kometen identifiziert werden konnten

Typ	Formel
Radikale	C_2, C_3, CHO, CH, CN, CS, OH, NH, NH_2
Ionen	CO^+, CO_2^+, CH^+, CN^+, C^+, N_2^+, OH^+, H_2O^+
Atome	Na, Ca, Cr, Mn, Fe, Ni, Cu, K, H, C, O, S
neutrale Moleküle	H_2O, H_2S, NH_3, HCN, CH_3CN

Als Quelle für C_2 und C_3 werden Acetylen ($HC\equiv CH$) und Diazomethylacetylen ($HC\equiv CCHN_2$) vermutet. Weitere „Kandidaten" für Muttermoleküle im Kern sind die bereits im interstellaren Medium aufgefundenen organischen Moleküle Isocyansäure, Formamid, Methylenimin sowie Cyanopolyacetylene der allgemeinen Formel $HC_{2n}CN$ (n = 1 bis 4). Da diesen Verbindungen für die chemische Evolution im Universum (als Vorstufe der biologischen Evolution) eine zentrale Rolle zugeordnet wird, konzentriert sich die Suche nach ihnen auf die innere Koma. Die Molekülfragmente C_2 und C_3 können wiederum rekombinieren und dabei in eine linear polymere Form des Kohlenstoffs, Carbin genannt, übergehen (siehe Kapitel 2.6.4.2).

Chemisch gesehen sind Molekülfragmente wie C_2, CN und CH unbeständig. Normalerweise ist die Tendenz stark, sich untereinander oder aber mit anderen Atomen oder Molekülen zu komplizierten Verbindungen zusammenzuschließen. Als Folge der geringen Dichte in der Koma eines Kometen fehlt ihnen jedoch die Gelegenheit dazu. Das verleiht ihnen eine relativ lange Beständigkeit. Wechselwirkungen zwischen den Teilchen sind aufgrund der hohen Konzentration nur in der unmittelbaren Umgebung des Kerns zu erwarten.

Den Angaben von A.H. Delsemme (Abteilung für Physik und Astronomie der Universität Toledo, USA) zufolge lassen sich die starken Fluoreszenzbanden des NH_2-Radikals nicht allein durch die Anwesenheit von Ammoniak befriedigend erklären. Delsemme vermutet vielmehr, daß Kometenkerne komplexe Moleküle wie Aminosäuren (organische Säuren mit einfachen oder substituierten Aminogruppen im Molekül; sie bilden den Grundkörper der Eiweißmoleküle) und Harnstoff (chemisch ein Abkömmling der Kohlensäure, wobei zwei Hydroxylgruppen durch Aminogruppen substituiert werden; Formel: H_2NCONH_2) enthalten.

Am Beispiel des Kometen Kohoutek wurde versucht, als weiteres Muttermolekül Methan (CH_4) im nahen Infrarot nachzuweisen. Die Messungen erfolgten sowohl vom Boden als auch von einem fliegenden Observatorium aus. Leider nahm die Gasproduktion nach dem Periheldurchgang stark ab. Die Folge war, daß lediglich eine obere Grenze für die Methankonzentration ermittelt werden konnte.

2.6.1 Dissoziationsprozesse in der Koma

Die photochemische Dissoziation innerhalb der Koma ist von besonderer Bedeutung für die Chemie der Kometen. In Kapitel 2.6 wurde bereits darauf hingewiesen, daß die beobachteten Bruchstücke von komplexeren Molekülen aus dem Kern stammen. Wie kommt dieser Prozeß zustande? Ausschlaggebend ist die Frequenz des Lichts. So können ungeeignete Frequenzen auch bei größerer Intensität keine Dissoziation hervorrufen.

Das Sonnenlicht liefert ein kontinuierliches Spektrum. Jeder Komet ist der Sonnenstrahlung ausgesetzt, und die absolute Stärke der Strahlung ist natürlich umso größer, je mehr sich der Komet der Sonne nähert. Bezeichnet man die heliozentrische Distanz mit r, dann variiert die Intensität proportional mit $1/r^2$. Bei der Absorption von Strahlung werden die Moleküle energetisch angeregt. Beim Überschreiten eines gewissen Schwellenwertes wird das Molekül schließlich gespalten.

Stickstoff (N_2) und Kohlenmonoxid (CO) treten in den Kometenspektren als N_2^+- und CO^+-Ionen auf. Beide Partikel können leicht durch die Sonnenstrahlung angeregt werden. Dasselbe gilt für Teilchen wie CH^+, OH^+ und CO_2^+. Die ionisierten Spezies entstehen durch Abspaltung eines Elektrons aus den neutralen Molekülen. Von den ionisierten Molekülen zeigt nur das CO^+-Ion eine kräftige und leichterfaßbare Bandenemission. Diese Banden sind sehr zahlreich und erstrecken sich über einen Bereich von 300 bis 600 Nanometer.

2.6.2 Helligkeitsausbrüche bei Kometen

Im Jahre 1973 meldete ein Münchener Amateur eine einzigartige Entdeckung: Der zum vierten Mal wiederaufgefundene Komet Tuttle-Giacobini-Kresak (1973 b) zeigte innerhalb von wenigen Tagen einen Helligkeitsausbruch von zehn Größenklassen. Als der Amateur den Kometen erstmals fotografierte, zeigte er sich als schwaches, diffuses Sternchen von etwa 14^m. Danach stieg die Helligkeit sprunghaft an und erreichte am 27. Mai einen Wert von 4^m - der Komet war also mit bloßem Auge zu sehen. Allerdings nur für kurze Zeit, denn am 3. Juni war die Helligkeit bereits wieder auf 10^m zurückgegangen. Wenn auch nicht so drastisch, so konnten Helligkeitsänderungen unter anderem beim Kometen Encke im Jahre 1964 und 1971 beobachtet werden. Als Ursache für derartige Ausbrüche vermutete man bereits früher Schwankungen der solaren Aktivität (siehe Kapitel 2.6.3). Eine zusätzliche Erklärung, besonders im Falle von stärkeren Helligkeitsausbrüchen, die sich durch Schwankungen des solaren Strahlungsflusses allein nicht befriedigend erklären lassen, bietet das Vorkommen von Explosivstoffen im Kometenkeren, deren Detonation durch den Korpuskularstrom der Sonne eingeleitet wird. Bei diesen Stoffen könnte es sich um freie Radikale oder Cyanidpolymerisate handeln, die in den sonnenfernen Regionen der Kometenbahn unbegrenzt stabil sind. Auch die Bildung instabiler Verbindungen wäre durch die Einwirkung kosmischer Strahlung denkbar. Der prominente Kosmochemiker H. C. Urey vertritt diese These.

Die freien Radikale könnten in Form von Klathraten im Eis eingebettet sein. Es wird vermutet, daß kleine Eiskörner von weniger als 1 mm Durchmesser einen merklichen Anteil an Gashydraten besitzen. Die in den Hohlräumen des Wassereisgitters enthaltenen Moleküle werden durch Van-der-Waalsche Kräfte zusammengehalten. In Sonnennähe wird das Wirtsgitter zerstört, und die enthaltenen Moleküle tragen dann zum Aufbau der Koma des Kometen bei. Falls dieser Mechanismus zutrifft, dürften die Eisteilchen die Rolle von Muttermolekülen übernehmen.

2.6.3 Wechselwirkung Sonne - Komet

Kometen sind empfindliche auf die Sonnenaktivität deutlich reagierende, interplanetare Sonden. Dieser bereits im Jahre 1826 von Capocci ausgesprochene Gedanke ist heute ein zentraler Diskussionspunkt in der Kometenphysik. Völlig unklar bleibt jedoch, weshalb die Wechselwirkung bei einigen Kometen nur schwach, bei anderen hingegen sehr stark ausgeprägt ist. Ein besonders markantes Beispiel hierfür ist der Komet Schwassmann-Wachmann, der sehr genau mit Helligkeitsausbrüchen auf Schwankungen des solaren Korpuskularstroms reagiert. Etwas vereinfacht ausgedrückt, spiegelt sich hier also die Sonnenflecktätigkeit wieder.

2.6.4 Die Staubproduktion von Kometen

Der Staubanteil einzelner Kometen ist sehr unterschiedlich. Halley zählt zu den relativ staubigen Objekten mit einem Massenverhältnis Staub zu Gas von rund 1 : 1. Über die Größe der Staubpartikel ist wenig bekannt. Entsprechende optische- und Kontaktsensor-Messungen gehören daher zu den Prioritäten der Raumflugmission (siehe Kapitel 4). Bemerkenswert sind die Messungsergebnisse am Kometen West (1975 n): Seine Staubpartikel ähneln denen des interstellaren Mediums.

2.6.4.1 Die optischen Eigenschaften der Strahlung

Die Kometenstrahlung ist stark linear polarisiert. Hierfür sind zwei Mechanismen verantwortlich: Erstens die Polarisation der Fluoreszenzemission und zweitens die Streuung an den kleinen Staubpartikeln. Die lineare Polarisation in den Emissionsbanden beträgt ungefähr 8 % und ist vom Phasenwinkel praktisch unabhängig. Die Polarisation des gestreuten Lichtes hängt dagegen vom Phasenwinkel ab und kann bis zu 50 % betragen.

Obwohl bisher nur in wenigen Fällen Polarisationsmessungen durchgeführt wurden, deuten die meisten von ihnen auf die Existenz von mikrongroßen dielektrischen Partikeln hin. Möglicherweise liegen längliche und ausgerichtete Partikel vor, wobei die Ausrichtung durch die Sonnenwind - Protonen erfolgt.

2.6.4.2 Die chemische Zusammensetzung des Staubes

Die chemische Zusammensetzung der Staubteilchen in der Koma und im Schweif eines Kometen ist weitgehend unbekannt. Durch den solaren Lichtdruck, der Teilchen kleiner als ein Mikron beschleunigt, kommt es zu einem Selektionsprozeß, wobei Teilchen unterschiedlicher Größe und optischer Eigenschaften voneinander getrennt werden. Nach den für Meteorströme gewonnenen Daten beträgt die Dichte der Staubpartikel im allgemeinen 1 bis 2 g/cm^3, wobei beim periodischen Kometen Giacobini-Zinner ein Minimalwert von < 1 g/cm^3 ermittelt wurde. Daraus läßt sich schließen, daß es sich wahrscheinlich um „lockere" Konglomerate handelt.

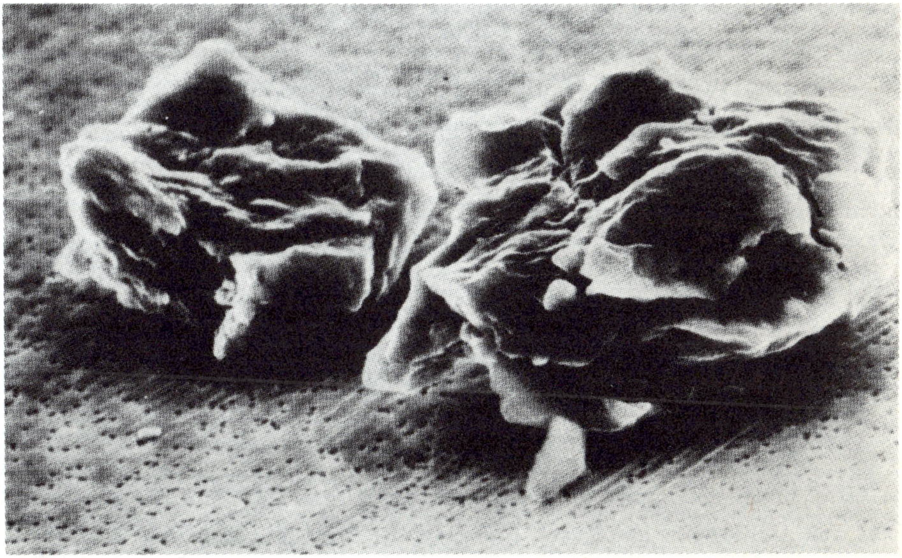

Abbildung 28: Kometenstaub? Diese Teilchen interplanetarer Materie wurden von einem U 2-Flugzeug der NASA in großer Höhe aufgesammelt (Vergrößerung: 10 000-fach).

Längs ihrer Bahn hinterlassen Kometen einen Partikelstrom, der die Staubanteile des Schweifes enthält. Kreuzt die Erde einen solchen Strom, dann kommt es zu den regelmäßig wiederkehrenden Meteorfällen. Solche „Reste" des Halleyschen Kometen lassen sich beispielsweise in den Monaten Mai und Oktober als Aquariden und Orioniden beobachten.

Bisherige Messungen der Streuung und Polarisation des Sonnenlichts sprechen dafür, daß Kometenstaub aus einem lichtbrechenden silikatischen Material sowie einer absorbierenden Komponente wie Kohlenstoff oder Eisen besteht.

Der Nachweis von Kometenstaub auf der Erde ist wegen der äußerst feinen Verteilung natürlich nicht ohne weiteres möglich. Erfolg verspricht dagegen der Einschluß in kompakten Eisschichten. Für ein gewisses Aufsehen sorgte daher die Entdeckung von winzigen schwarzglasigen Kügelchen im Eis des Jungfraugletschers im Berner Oberland. Sie wurden aus einer Tiefe von 40 bis 50 m geborgen und enthielten die neue Kohlenstoffmodifikation Carbin, die sich von Graphit und Diamant völlig unterscheidet, im Weltraum aber wahrscheinlich weit verbreitet ist. Diese Kohlenstoffmodifikation wurde erstmals vor 15 Jahren im Nördlinger Ries entdeckt, dessen erosiv abgeflachte Kratergestalt vor etwa 15 Millionen Jahren durch den Einschlag eines riesigen Meteoriten entstand.

Carbin besteht aus polymeren $-(C \equiv C)_n-$Ketten und besitzt die Eigenschaften eines Halbleiters. Die Verbrennungswärme ist noch geringer als beim Graphit, was auf einen niedrigen Gehalt an innerer Energie zurückzuführen ist. Die Literaturangaben über das Aussehen von Carbin-Kohlenstoff reichen von farblos bis metallisch glänzend. Es ist noch nicht mit Sicherheit erwiesen, ob es sich bei der gefärbten Form um die Polymorphieerscheinung oder um Verunreinigungen handelt. Bezüglich Härte und Dichte befindet sich Carbin zwischen Diamant und Graphit. Die Untersuchungen zu dem gesamten Themenkomplex sind noch nicht abgeschlossen und man hofft im Rahmen einer Antarktisexpedition, weitere Hinweise im ewigen Eis der Südpolregion zu entdecken. Den größten Erfolg versprechen die schneefreien Blaueisfelder der Antarktis, in denen das Gletschereis freiliegt. Sie sind auch eine reiche Fundstätte für Meteorite, die sich als dunkle Stellen im Eis abzeichnen und teilweise sogar an der Oberfläche liegen (fräsende Wirkung des Windes in Verbindung mit Schnee!). Als Quelle für Carbine kommen die vermutlich aus Cyanopolyacetylenen entstandenen C_2 und C_3-Fragmente in der Koma von Kometen in Frage. In ihnen ist ein Segment des Carbingerüstes bereits vorgebildet. In einer Folgereaktion werden durch Rekombination von Fragmenten die polymeren Ketten des Carbingerüstes aufgebaut.

2.7 Die Lebensdauer eines Kometen

Im Gegensatz zu den meisten kosmischen Objekten unterliegen Kometen in Sonnennähe relativ schnellen Veränderungen. Wird ein langperiodischer Komet in einen kurz- oder mittelperiodischen verwandelt, so sind seine Tage buchstäblich gezählt. Gas- und Staubausstoß bilden sichere Indizien für bemerkenswerte Veränderungen seiner Struktur. Welchen Massenverlust ein Komet bei einer Sonnenpassage erleidet, hängt natürlich in erster Linie von seinen Bahndaten ab. Ein mittlerer Wert von etwa 0.1 Prozent Verlust sagt daher über das einzelne Objekt noch nicht sehr viel aus, allerdings ist für die Lebensdauer eines kurzperiodischen Kometen ein Wert von 10^4 bis 10^5 Jahren realistisch - wenn man kosmische Maßstäbe ansetzt also ein sehr kurzer Zeitraum.

Die Strukturänderung eines Kometen kann aber auch sehr plötzlich vonstatten gehen. So wurde der langperiodische Komet West aus dem Jahre 1976 nach der Perihelpassage in vier Teile gespalten - eine Folge der Hitze und gleichzeitig wirkender Gezeitenkräfte. Diese vier Teile drifteten zwar nach dem Rückstoßprinzip auseinander, die ursprüngliche Bahn wurde jedoch im wesentlichen beibehalten.

Über den Endzustand eines Kometen existieren unterschiedliche Auffassungen. Einer These zufolge soll er sich praktisch im Nichts auflösen.

Das bedeutet, daß der Kern durch und durch porös aufgebaut ist und keine größeren Partikel enthält. Eine andere Annahme geht von einem kompakten silikathaltigen Kern aus, nach dessen vollständiger Entgasung ein asteroidenähnlicher Körper zurückbleibt. Die Existenz von Kleinstplaneten wie Icarus, Geographos, Apollo, Adonis oder Hermes, deren Bahnen denen der kurzperiodischen Kometen ähneln, stützt letztere These.

Der Übergang Komet - Kleinplanet ist natürlich fließend. Die beiden kurzperiodischen Kometen Arend-Rigaux und Neujmin 1 gehören zu den stark „gealterten" Kometen. Bei Periheldistanzen von 1.4 bzw. 1.5 AE zeigen sie einen sternförmigen Kern und nur schwache Anzeichen einer Koma - ein ausgesprochen planetoidenähnliches Aussehen also.

Einen weiteren Hinweis lieferten die Messungen des ersten Infrarotsatelliten IRAS im Jahre 1983, als dieser einen bemerkenswerten Kleinplaneten aufspürte. Mit einer Periheldistanz von 15 Millionen km kommt das Objekt mit der vorläufigen Bezeichnung 1983 TB der Sonne wesentlich näher als der bisherige Rekordhalter Icarus (Periheldistanz = 28 Millionen km). Sein sonnenfernster Bahnpunkt liegt im Planetoidengürtel und seine Bahnebene ist gegenüber der der Erde um 20° geneigt. Als die genauen Bahndaten des Objektes bekannt wurden, stellte es sich heraus, daß sie mit denen des Geminiden-Meteorstromes zusammenfallen. Obwohl sich den meisten Meteorströmen ein Komet zuordnen läßt (vgl. Kapitel 2.6.4.2), hatte man bei den Geminiden bisher vergeblich danach gesucht. Offenbar handelt es sich jedoch bei 1983 TB um den ausgegasten Rest eines einstigen Kometen.

3 Die Beobachtung des Halleyschen Kometen in den Jahren 1985/86

In den frühen Morgenstunden des 16. Oktober 1982 wurde der Halleysche Komet von den amerikanischen Astrophysikern David Jewitt und Edward Danielson mit dem 5m-Teleskop des Mt. Palomar wiederentdeckt.

Daß dies überhaupt so frühzeitig möglich war, verdanken die Astronomen einem neuartigen und sehr empfindlichen Detektorsystem - dem „Charged-Coupled Device", das in der Fachterminologie gewöhnlich als CCD abgekürzt wird. Ein CCD-Detektor enthält winzige lichtempfindliche Dioden auf einem Silizium-Chip. Mit seiner Hilfe lassen sich extrem lichtschwache Objekte nachweisen, denn er übertrifft in seiner Empfindlichkeit normale Fotoplatten oder einen Fotomultiplier etwa um den Faktor 15. So registriert der CCD-Detektor noch Objekte bis zur 25. Größenklasse, ehe sich die Hintergrundhelligkeit des Nachthimmels störend auswirkt.

Mit Hilfe des CCD-Detektors entdeckten Jewitt und Danielson den Halleyschen Kometen als extrem schwaches Sternchen der 24. Größe im Sternbild Canis Major (Großer Hund) - rund 700 millionenmal schwächer als der Polarstern. Die vorausberechnete Position wich nur um 0.6 Bogensekunden vom tatsächlichen Wert ab, das entspricht einem Dreitausendstel des Vollmonddurchmessers! Noch nie zuvor wurde ein Komet in dieser Distanz wiederentdeckt. Somit konnten Jewitt und Danielson einen Rekord verbuchen.

3.1 Kometenbeobachtungen mit optischen Hilfsmitteln

Bevor auf die Erscheinung des Halleyschen Kometen in den Jahren 1985/86 eingegangen wird, sollen einige allgemeine, die Beobachtung von Kometen betreffende Hinweise vorangestellt werden. Für die Optik der Instrumente gilt folgendes: Bei punktförmigen Objekten hängt der mit einem Fernrohr oder Feldstecher erzielte Helligkeitsgewinn im wesentlichen von der Öffnung des Objektivs ab und ist von der Vergrößerung des Instruments weitgehend unabhängig. Die Objektivöffnung bezeichnet man in Analogie zum menschlichen Auge auch als Eintrittspupille, denn sie begrenzt die Lichtmenge, die tatsächlich zur Abbildung gelangt.

Die Lichtmengen verhalten sich zueinander wie die Quadrate der entsprechenden Öffnungen. Hat das Instrument also 50 mm und die Augenpupille (für das adaptierte Auge) 7 mm Öffnung, dann ergibt sich ein Verhältnis von $50^2 : 7^2 = 2500 : 49 \approx 50 : 1$. Ein Fernglas mit 50 mm Öffnung sammelt somit 50-mal mehr Licht als das menschliche Auge.

In den vorangehenden Kapiteln wurde der Begriff „Größenklasse" für die scheinbare Helligkeit von Himmelsobjekten verwendet. Einem Helligkeitsverhältnis von 1 : 10 entsprechen 2.5 Größenklassen. Bezeichnet man die Beleuchtungsstärke zweier Objekte mit H_1 und H_2 und die entsprechenden Größenklassen mit m_1 und m_2 dann gilt:

$$m_2 - m_1 = 2.5 \lg H_1/H_2.$$

Für ein Verhältnis der Beleuchtungsstärken von 50 : 1 ergibt sich dann die Differenz der scheinbaren Helligkeiten m_2 und m_1 zu:

$$m_2 - m_1 = 2.5 \lg 50 = 2.5 \times 1.7 = 4.25.$$

Da das bloße Auge unter optimalen Voraussetzungen gerade noch Sterne der 6. Größenklasse erkennen kann, gilt als Grenzgröße für ein Instrument mit 50 mm Öffnung:

$$6.0 + 4.25 = 10.25.$$

Das bedeutet, daß Objekte, die etwas schwächer als die 10. Größenklasse sind, gerade noch wahrgenommen werden.

Die vorangehenden Überlegungen galten für punktförmige Objekte. Bei flächenhaften Objekten wie Kometen mit gut entwickelter Koma sind die

Verhältnisse etwas komplizierter, da hier die Vergrößerung nicht mehr vernachlässigt werden darf. Wird beispielsweise bei konstanter Objektivöffnung die Vergrößerung verdoppelt, so ist auch das Netzhautbild in unserem Auge doppelt so groß. Daraus folgt, daß die Fläche des Bildes auf das Vielfache ansteigt und die Bildhelligkeit auf ein Viertel des ursprünglichen Wertes absinkt. Für flächenhafte Objekte gilt also, daß die Helligkeit des Bildes mit dem Quadrat der Fernrohröffnung zunimmt, jedoch gleichzeitig mit dem Quadrat der Vergrößerung abnimmt. Demnach sind Instrumente mit kleiner Vergrößerung und großer Öffnung für die Beobachtung am geeignetsten.

Diese Überlegung gilt unter der Voraussetzung, daß das gesamte vom Objektiv gesammelte Licht in die Pupille eindringt. Jedes Fernrohr verengt jedoch den Durchmesser des in das Objektiv einfallenden Strahlenbündels in Abhängigkeit zur jeweiligen Vergrößerung. Der kleinere Wert des austretenden Strahlenbündels entspricht dem Durchmesser der Austrittspupille. Unabhängig von der Konstruktion des Fernrohrs ergibt sich der Durchmesser der Austrittspupille d als Quotient von Objektivöffnung D und Vergrößerung V zu:

$$d = D/V.$$

Wir nutzen die volle Lichtmenge des Instrumentes nur dann aus, wenn der Durchmesser der Austrittspupille maximal der Größe unserer Pupillenöffnung entspricht. Stimmen beide Werte überein, so spricht man von der Normalvergrößerung. Wie bereits erwähnt wurde, besitzt die adaptierte Augenpupille 7 mm Öffnung. Für die Normalvergrößerung V_n eines Instruments gilt dann:

$$V_n = D/7.$$

Demnach liefert ein Fernrohr das hellste Bild flächenhafter Objekte, wenn seine Vergrößerung gleich der Normalvergrößerung ist.

3.1.1 Geräte zur Kometenbeobachtung

Prinzipiell ist es gleichgültig, ob man den Halleyschen Kometen mit einem Refraktor oder einem Reflektor beobachten will. Da die Lichtstärke des Instruments entscheidend ist, und ein Reflektor nicht nur preisgünstiger als ein Refraktor mit gleicher Öffnung sondern auch mobiler ist, bietet er erhebliche Vorteile - gleiche Öffnung natürlich vorausgesetzt.

Die nachfolgende Übersicht soll Anhaltspunkte für die Beobachtung des Kometen liefern:

Scheinbare Helligkeit (in Größenklassen)	Instrument
3^m und heller	bloßes Auge
4^m bis 7^m	Fernglas 7 x 50 bis 10 x 60
7^m bis 9^m	10-cm Teleskop oder Fernglas mit 20 x 80 bis 14 x 100 (sogenannte Kometensucher)
9^m bis 10.5^m	15- bis 20-cm Teleskop
10.5^m bis 12^m	25- bis 35-cm Teleskop
12^m bis 14^m	35- bis 50-cm Teleskop

3.2 Die Optik der Erdatmosphäre

Ein wichtiger Faktor für die Beobachtung ist die Zenitdistanz des Objekts, denn auf dem Weg durch die Erdatmosphäre wird die Strahlung durch Absorption und Streuung stets geschwächt. Für Himmelskörper im Zenit besitzt diese atmosphärische Extinktion einen Minimalwert. Mit wachsendem Zenitabstand nimmt dieser Wert jedoch zu.

Die Abhängigkeit der Extinktion von der Zenitdistanz ist in Tabelle 5 wiedergegeben. Es handelt sich dabei um Durchschnittswerte. In Gebieten mit starker Umweltbelastung sind die oben angeführten Negativeffekte höher anzusetzen, während in Gebieten mit reiner Luft, insbesondere im Hochgebirge, bessere Beobachtungsbedingungen anzutreffen sind. Auch die Wetterlage (Dunst) spielt eine entscheidende Rolle. Am störendsten wirken sich die durch Zivilisationseinflüsse künstlich erzeugte Aufhellung des Nachthimmels sowie das Licht des Vollmonds aus.

Tabelle 5: Extinktion der Erdatmosphäre im visuellen Bereich

Zenitdistanz in Winkelgrad	Extinktion gegenüber der Zenitdistanz in Größenklassen
0	0.00
20	0.01
30	0.03
40	0.06
50	0.12
55	0.17
60	0.23
65	0.32
70	0.45
75	0.65
80	0.98
85	1.72

3.3 Die „International Halley Watch"

Im Sommer 1979 gründete L. Friedman vom Jet Propulsion Laboratory (JPL) in Pasadena eine internationale Vereinigung, mit deren Hilfe die wissenschaftlichen Ergebnisse über den Halleyschen Kometen optimiert und die verschiedenen Raumfahrtmissionen (siehe Kapitel 4) unterstützt werden können. Die Ziele einer daraufhin von der NASA organisierten „International Halley Watch" (IHW) lauten wie folgt:

1. Veranlassung und Koordinierung wissenschaftlicher Beobachtungen während der gesamten Sichtbarkeit des Halleyschen Kometen

2. Standardisierung von Beobachtungstechniken und Instrumenten

3. Förderung der Instrumentenentwicklung, die für die Beobachtung wichtig sind

4. Dokumentation und Archivierung der Daten und Ergebnisse

5. Weiterleitung eintreffender Daten an Wissenschaftler sowie Information der Öffentlichkeit.

Aufgabe der IHW ist, daß Halley wie kein anderer Komet zuvor, durch optimalen Einsatz modernster Mittel und Techniken vom Erdboden, aus der Luft und aus dem extraterrestrischen Raum eingehend studiert wird. Ein einziges Archiv, das den Wissenschaftlern jederzeit zur Verfügung steht, soll die gesamten Beobachtungen sammeln.

Ein dichtes astrometrisches Beobachtungsnetz wird dafür sorgen, daß genaue, für Bahn- und Ephemeridenberechnungen* relevante Angaben bereitstehen. Auf diese Weise können Bahndaten und Ephemeriden des Kometen kontinuierlich optimiert werden.

Bei der letzten Erscheinung des Halleyschen Kometen im Jahre 1910 beobachtete man eine ausgeprägt anisotrope Verteilung des Staubes in der Koma. Da diese Phänomene oftmals von einem Tag zum anderen auftraten bzw. verschwanden, ist es notwendig, den Kometen nicht nur von einer einzelnen Sternwarte sondern von Observatorien weltweit rund um die Uhr zu beobachten.

Messungen im Radiobereich sollen dazu beitragen, die Gesamtaktivität des Kometen zu analysieren. Ein wichtiger Indikator ist die Hydroxyl (OH) -Linie bei 18 cm, da dieses Fragment ein direktes Dissoziationsprodukt von Wasser, dem Hauptbestandteil des Kometen, ist. Gleichzeitig wird man intensiv nach anderen, noch nicht entdeckten Molekülen suchen.

3.3.1 Bereits ermittelte Daten

Vom Zeitpunkt der Wiederentdeckung des Halleyschen Kometen am 16.10.1982 bis zum Herbst 1984 wurden insgesamt mehr als 50 astronomische Positionsbeobachtungen durchgeführt. Die Übereinstimmung mit den für das IHW-Astrometrienetz vorausberechneten Ephemeriden war

---

*Ephemeride: Bezeichnung für den vorausberechneten geozentrischen Ort eines Himmelskörpers an der Himmelskugel. Die Ephemeriden werden von den astronomischen Recheninstituten berechnet und in astronomischen Jahrbüchern veröffentlicht. Sie ermöglichen es, ein Gestirn am Himmel oder auf der photographischen Platte aufzufinden. Ferner dienen sie auch dazu, beobachtete und berechnete Orte miteinander zu vergleichen, um genaue Bahnbestimmungen für Himmelskörper vorzunehmen.

bislang hervorragend. Die visuelle Helligkeit des Kometen betrug im Februar 1984 (also 2 Jahre vor seinem Periheldurchgang) $m_{vis} = 23.2 \pm 0.4$ mag. Den vorläufigen Resultaten zufolge dürfte sein Kern rötlich gefärbt sein (vgl. Kapitel 1.9).

3.4 Beobachtungsfahrplan für 1985/86

Das Wichtigste vorab: Die diesmalige Erscheinung wird als eine der ungünstigsten in die Geschichte der Astronomie eingehen, da sich der Komet zum Zeitpunkt des Perihels in Konjunktion mit der Sonne befindet und somit unbeobachtbar am Tageshimmel verweilt. Am 27. November 1985 und am 11. April 1986 befindet sich „Halley" in Erdnähe. Eine enge „Tuchfühlung" wie bei einigen früheren Begegnungen (zum Beispiel 0.04 AE im Jahre 837) wird es jedoch nicht geben, denn die Distanz zur Erde ist mit 0.62 AE am 27.11. und mit 0.42 AE am 11.4. immer noch beachtlich.

Beobachter auf der Nordhalbkugel der Erde sind diesmal stark benachteiligt, da sich der Komet nach dem Perihel, von einem kurzen Intermezzo in der Morgendämmerung abgesehen, erst in der zweiten Aprilhälfte wieder am Abendhimmel zeigt. Zu diesem Zeitpunkt ist die Helligkeit jedoch bereits soweit zurückgegangen, daß er kaum noch mit bloßem Auge wahrgenommen werden kann.

Für die Bewohner der Südhemisphäre dürfte der Komet hingegen von März bis Anfang April 1986 eine recht spektakuläre Erscheinung werden (siehe Abbildungen 29 bis 34 im Vergleich). Die Kometenbewegung vor dem Himmelshintergrund (Abbildung 35 und 36) dient als grobe Übersicht. Detailkarten und vorläufige Ephemeriden sind im Anschluß an Kapitel 4 im Anhang wiedergegeben.

Beobachtungsmöglichkeiten des Halleyschen Kometen kurz vor Eintritt der Morgendämmerung bzw. unmittelbar nach Ende der Abenddämmerung
(Seite 77 - 82)

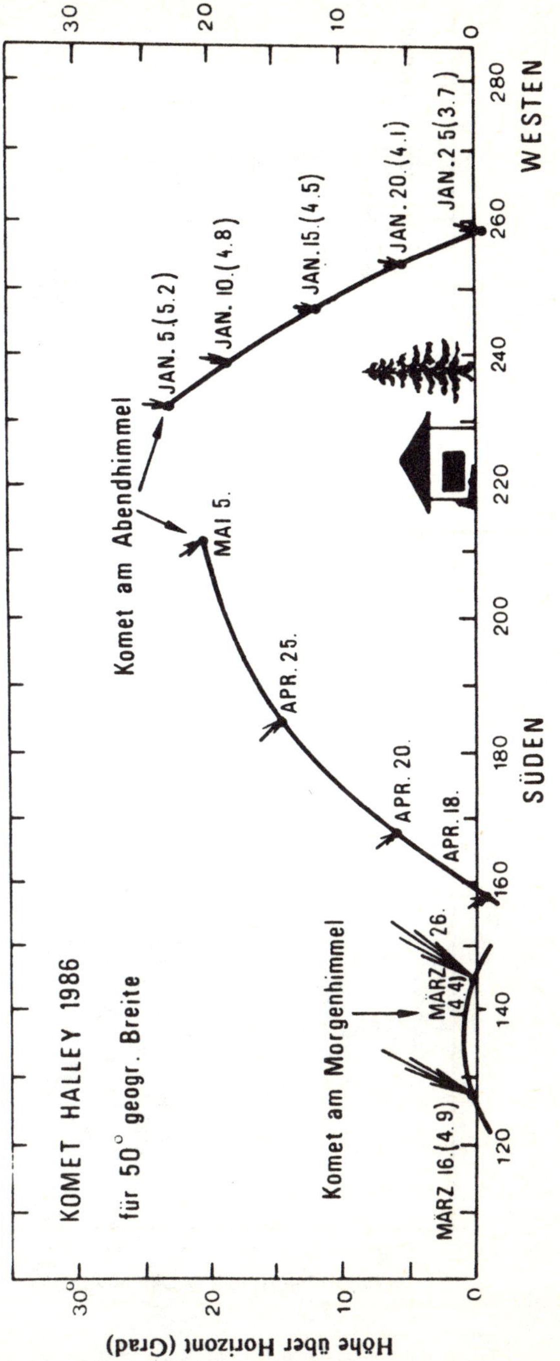

Abbildung 29: Für Beobachter in Deutschland (50° nördlicher Breite)

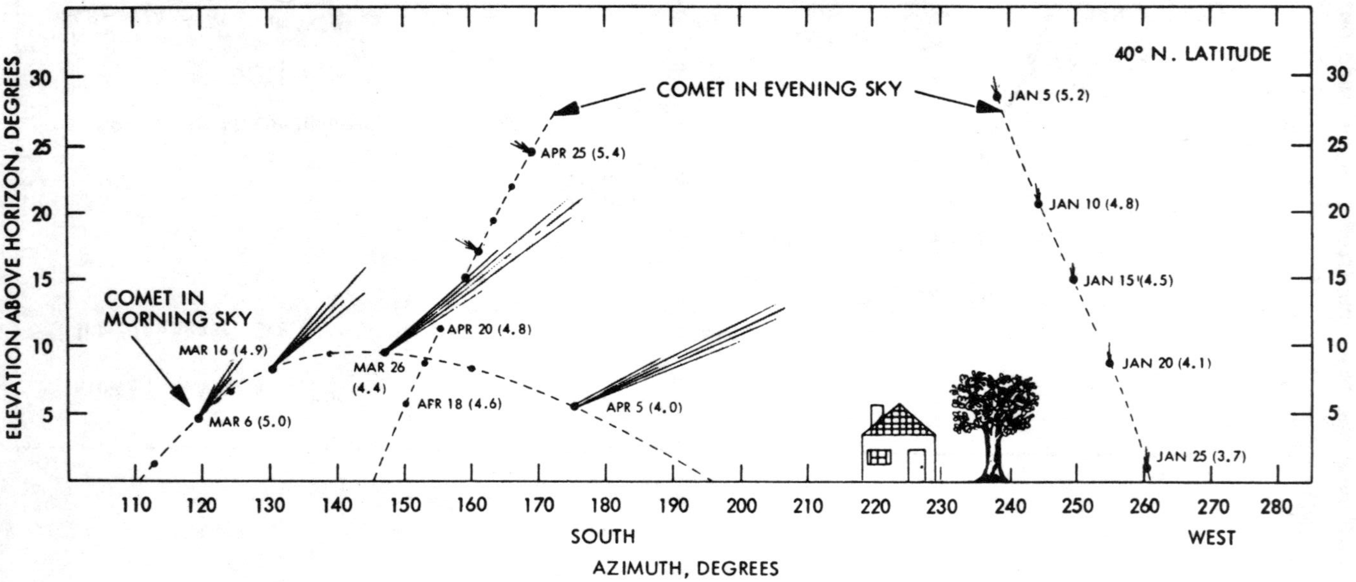

Abbildung 30: Für einen Ort auf 40° nördlicher Breite

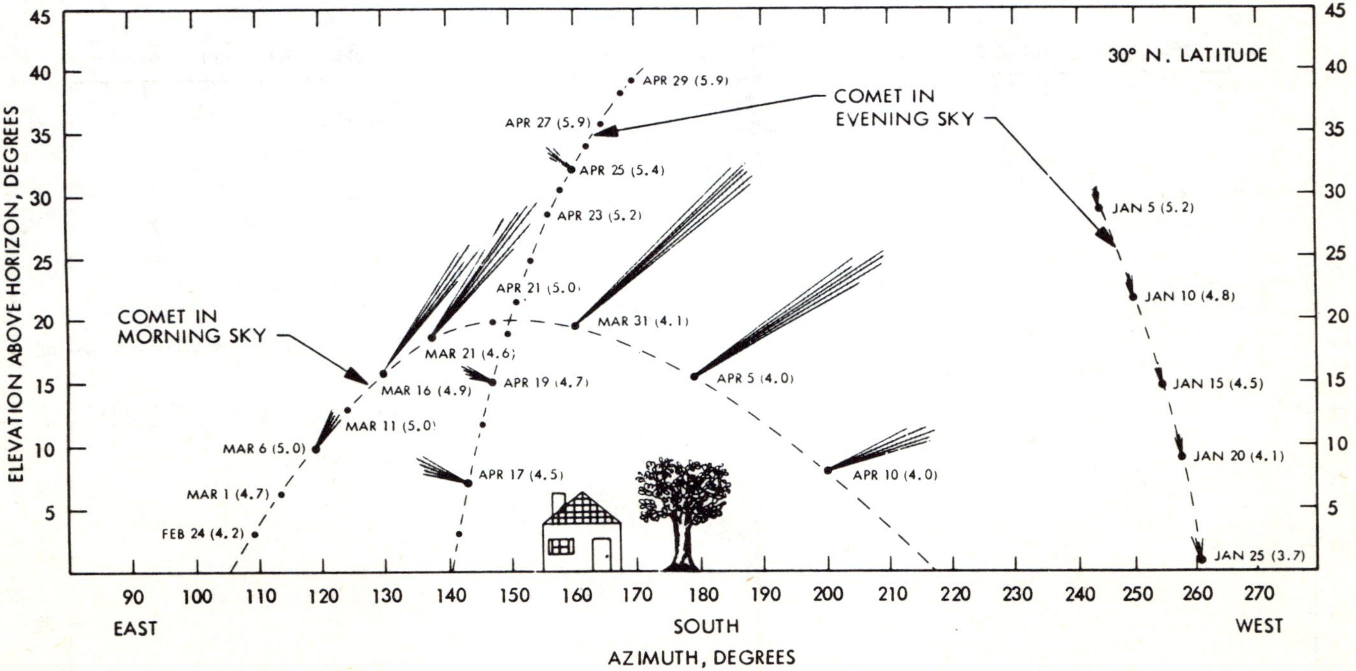

Abbildung 31: Für einen Ort auf 30° nördlicher Breite

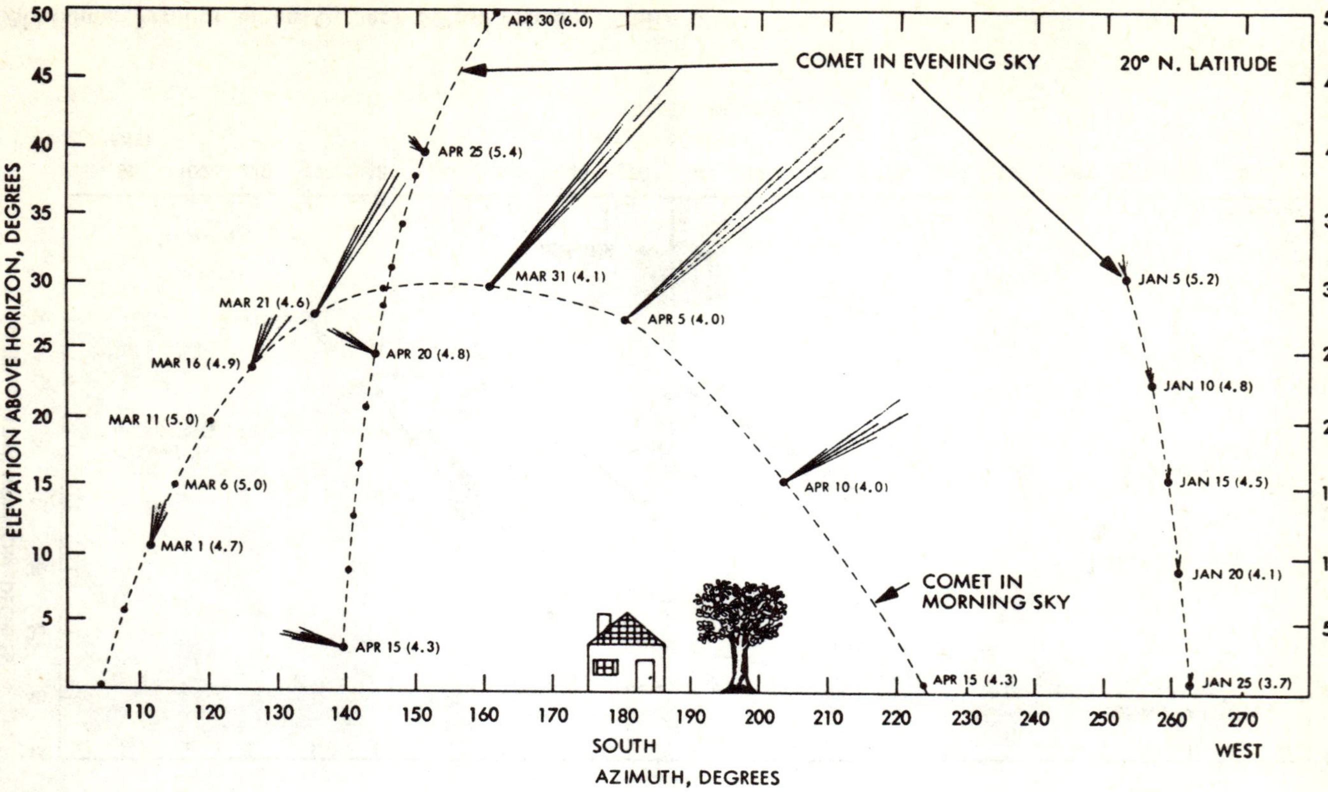

Abbildung 32: Für einen Ort auf 20° nördlicher Breite

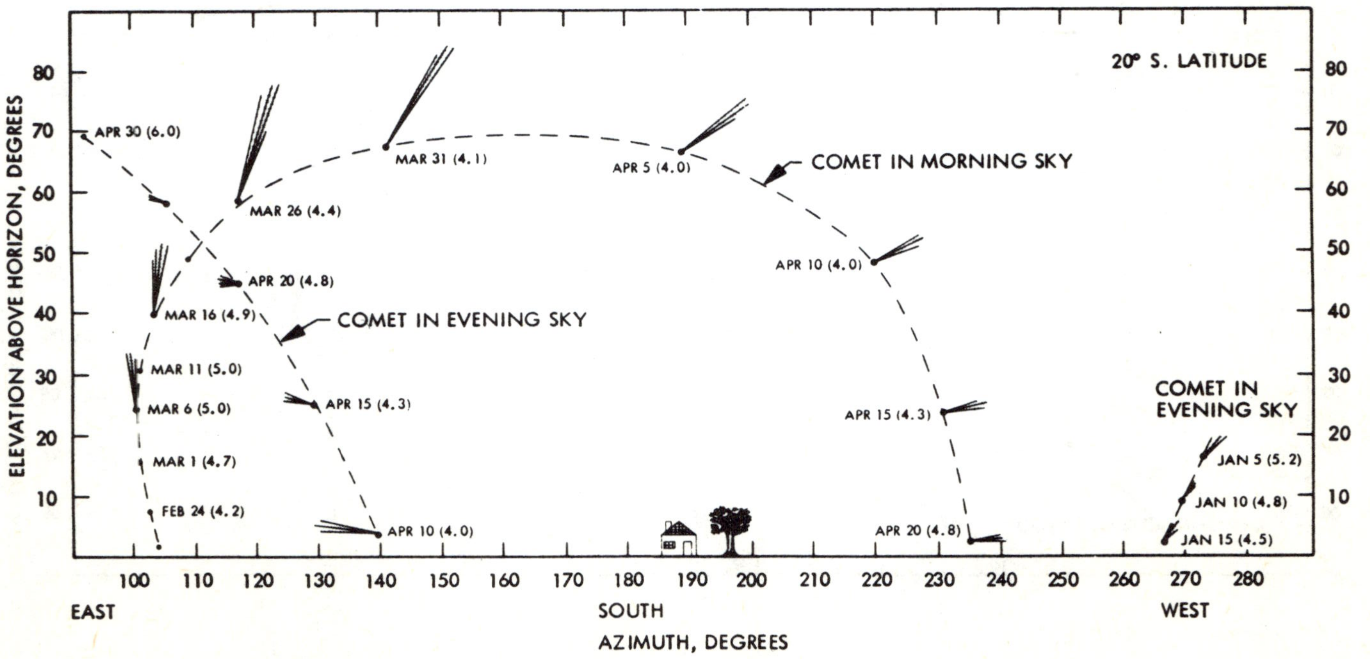

Abbildung 33: Für einen Ort auf 20° südlicher Breite

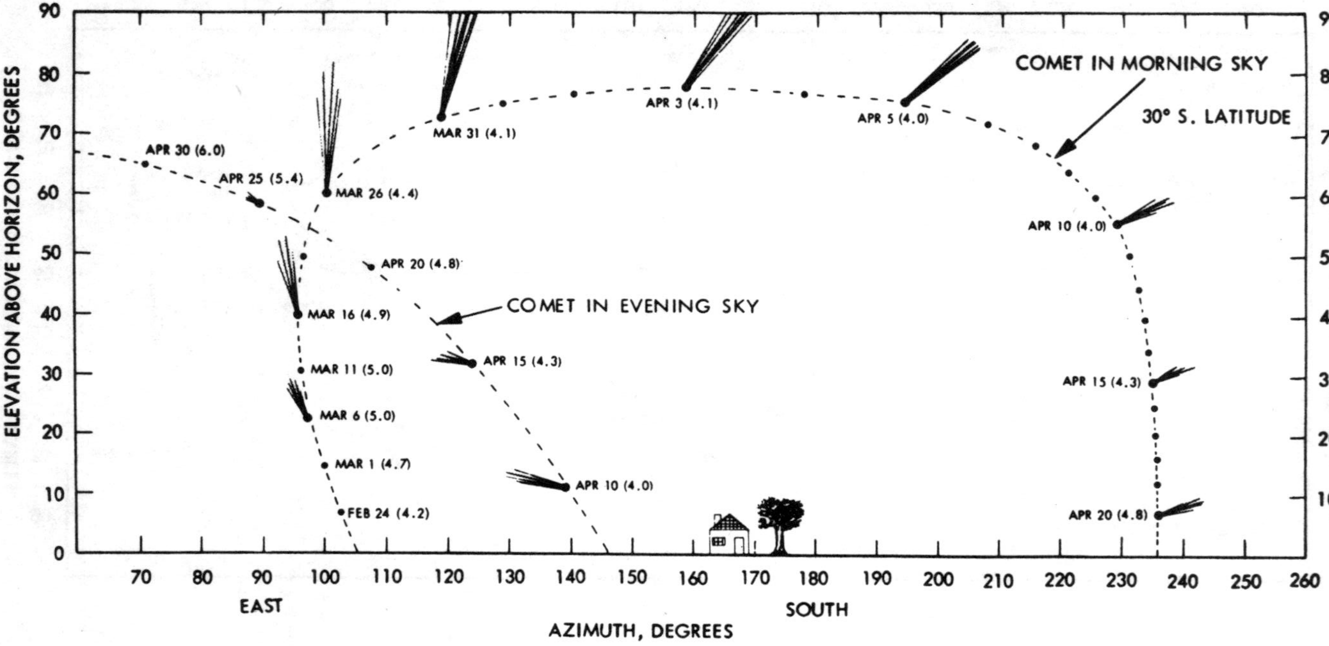

Abbildung 34: Für einen Ort auf 30° südlicher Breite

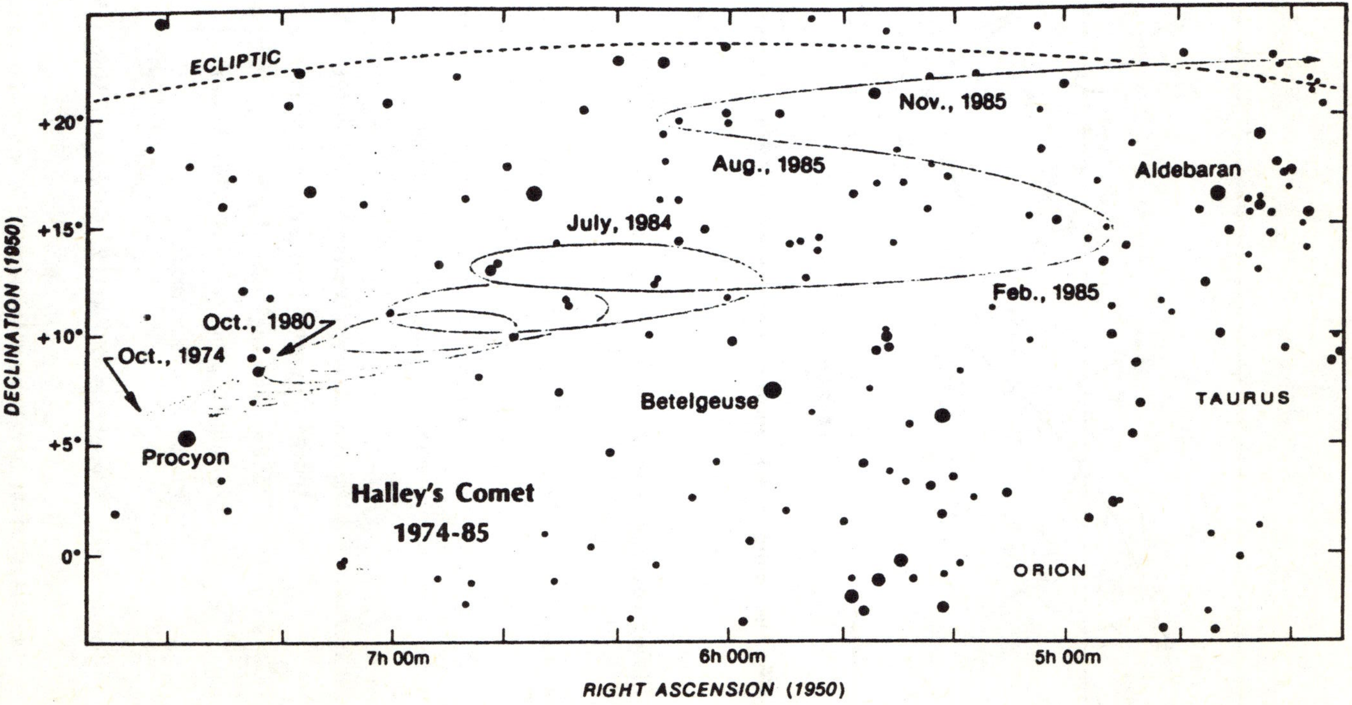

Abbildung 35: Die Bewegung des Kometen vor dem Himmelshintergrund in den Jahren 1974 bis 1985

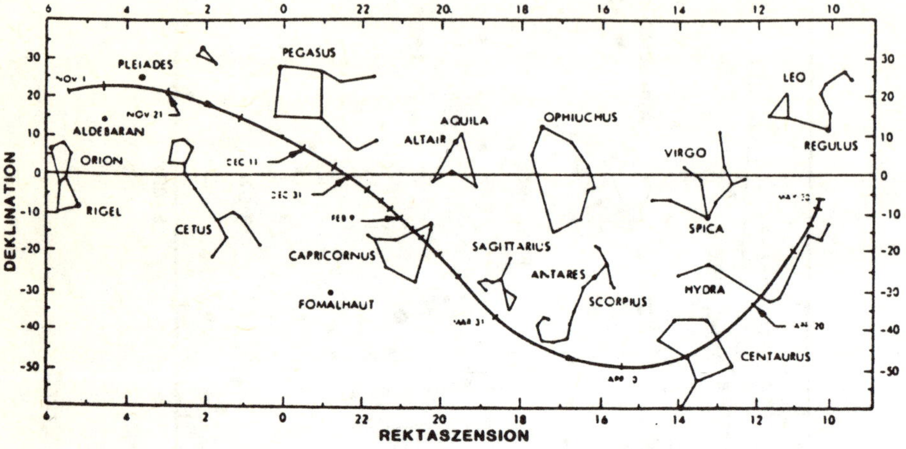

Abbildung 36: Die Bahn des Kometen von November 1984 bis Mai 1986

Nach den bisher vorliegenden Daten wird sich der Komet 1985/86 wie folgt zeigen:

<u>1985</u>	Juni, Juli:	Komet noch außerhalb der Reichweite normaler Amateurinstrumente. Mitte Juni befindet er sich in Konjunktion mit der Sonne; Abstand zur Sonne: 3.6 AE. Abstand von der Erde: 4.6 AE.
	August:	Ab der zweiten Monatshälfte bietet sich Amateuren mit größeren Teleskopen (mindestens 35 cm Öffnung) die Möglichkeit, den noch sternförmigen „Halley" als Objekt der 13. Größenklasse aufzuspüren.
	September:	Komet als Objekt 12. Größe am Morgenhimmel.
	Oktober:	In der ersten Monatshälfte stört das Mondlicht.

Da sich der Komet zunehmend der Erde nähert, steigt die Helligkeit nunmehr rasch an und erreicht gegen Monatsende die 10. Größenklasse. Amateure mit mittleren Instrumenten können bei günstiger Witterung mit der Suche beginnen. Mit den größten Teleskopen (professionelle!) dürfte die Entwicklung einer Koma ansatzweise sichtbar werden.

November: Beste Beobachtungszeit gegen Monatsmitte, da während der übrigen Zeit das Mondlicht stört. Am 16. und 17. befindet sich der Komet als Objekt der 7. Größenklasse unmittelbar südlich des Sternhaufens der Pleijaden. Diese Konstellation dürfte bereits im Feldstecher zu erkennen sein.

Dezember: Der Komet nähert sich zwar weiterhin der Sonne, entfernt sich jedoch gleichzeitig wieder von der Erde. Die Helligkeit nimmt daher nur noch zögernd zu. Als Objekt der 6. Größenklasse ist „Halley" mit einem normalen Feldstecher gut zu verfolgen. Von der Nordhalbkugel aus ist er praktisch die ganze Nacht hindurch im Sternbild „Fische" erkennbar. Gegen Monatsmitte stört das Mondlicht. In den letzten Dezembertagen dürfte ein mehrere Grad langer Schweif mit dem Feldstecher zu erkennen sein.

<u>1986</u> Januar: Der Komet nähert sich dem Perihel. Schweif bzw. Koma treten immer deutlicher hervor. Mit der Annäherung an die Sonne nimmt leider die Sichtbarkeitsdauer im Laufe des Monats rapide

ab. Als Objekt der 5. Größenklasse befindet sich der Komet am 13. des Monats im Sternbild „Wassermann" nahe beim Jupiter. Gegen Monatsende verschwindet er im Zwielicht der Abenddämmerung. Man wird daher nach dem 25.1. vergeblich nach ihm suchen.

Februar: Am 10. des Monats befindet sich der Komet im Perihel seiner Bahn. Zu dieser Zeit bleibt er unbeobachtbar, da er sich in oberer Konjunktion mit der Sonne befindet. Ab dem 20.2. taucht der Komet in der Morgendämmerung tief am Südosthorizont auf. In der letzten Februarwoche liegt die Helligkeit des Kerns bei 2.5^m, der Schweif dürfte 8 bis 10° lang sein.

März: „Halley" bleibt horizontnahes Morgenobjekt. Gegen Monatsmitte bewegt sich der Komet mit konstanter Helligkeit (2.5^m) durch das Sternbild „Zwillinge". Die Distanz zur Erde verringert sich jetzt rapide. Gegen Monatsmitte erreicht der Schweif eine Länge von 20 bis 30°. Nach dem 27.3. verschwindet der Komet in der Morgendämmerung.

April: Bewohner der Südhalbkugel können sich freuen, denn dort dürfte der Komet einen bleibenden Eindruck hinterlassen. Zu Beginn des Monats steht „Halley" als Objekt der 2. Größenklasse hoch am nächtlichen Himmel von Südamerika, Südafrika und Australien. Der Durchmesser der Koma ist halb so groß wie der des Vollmonds, die Schweiflänge liegt zwischen 20 und 40°. Zu dieser Zeit steht der Komet so tief im Süden, daß er von Deutschland aus nicht zu beobachten ist. Erst ab dem 17.4. erscheint das Gestirn mit abnehmender Helligkeit wieder am Abendhimmel. Leider ist am 24.4. Vollmond, so daß die Beobachtung zusätzlich erschwert wird. Für die Bewohner Südostasiens ist dagegen mit einer spektakulären Erscheinung zu rechnen: An diesem Tag befindet sich der Komet 40° südöstlich des Vollmondes und dürfte durch das Licht des Erdtrabanten schwer auffindbar sein. In den Abendstunden setzt dann jedoch eine totale Mondfinsternis ein, und der diffuse Komet hebt sich mit zunehmender Verdunklung des Erdtrabanten immer deutlicher ab. Sicherlich werden etliche Fotos, die „Halley" zusammen mit dem verdunkelten Vollmond zeigen, in der Presse erscheinen. Die Helligkeit des Kometen wird zu diesem Zeitpunkt auf 3.5^m, die Schweiflänge auf 10 bis 15° geschätzt.

Mai: Halley bleibt im Mai Abendobjekt. Lediglich in den ersten Tagen des Monats ist er gerade noch mit dem unbewaffneten Auge zu sehen. Bis Monatsende bleibt er jedoch ein Feldstecherobjekt. Während die Helligkeit zum Monatsbeginn bei 4^m liegen dürfte, nimmt sie bis zum Monatsende rasch bis auf ca. 8^m ab.

Juni bis August: Amateure mit mittleren Instrumenten können den sich nunmehr rasch entfernenden „Halley" bis etwa Anfang August verfolgen. Danach verschwindet er wieder in den Tiefen des Weltalls.

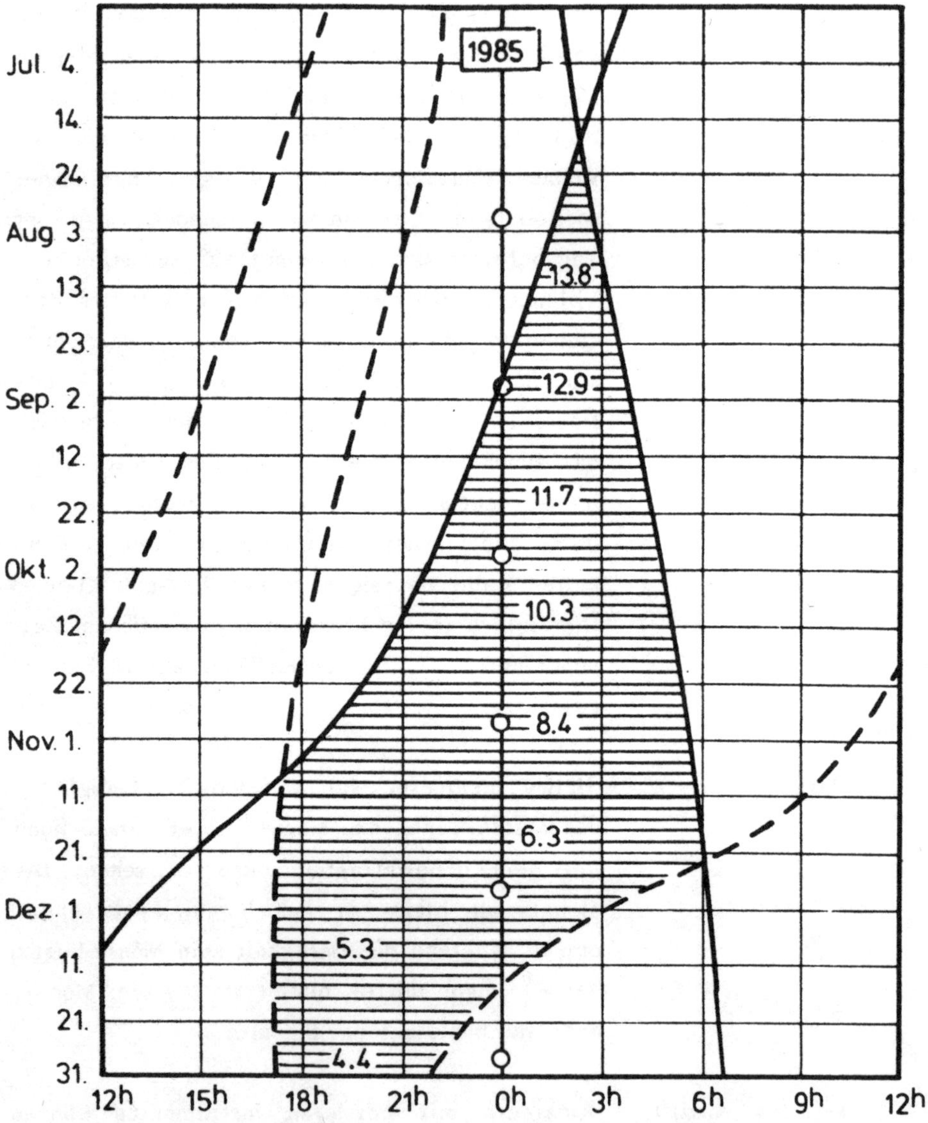

Abbildung 37: Auf- und Untergangsdiagramm des Halleyschen Kometen vom 4. Juli bis 31. Dezember 1985

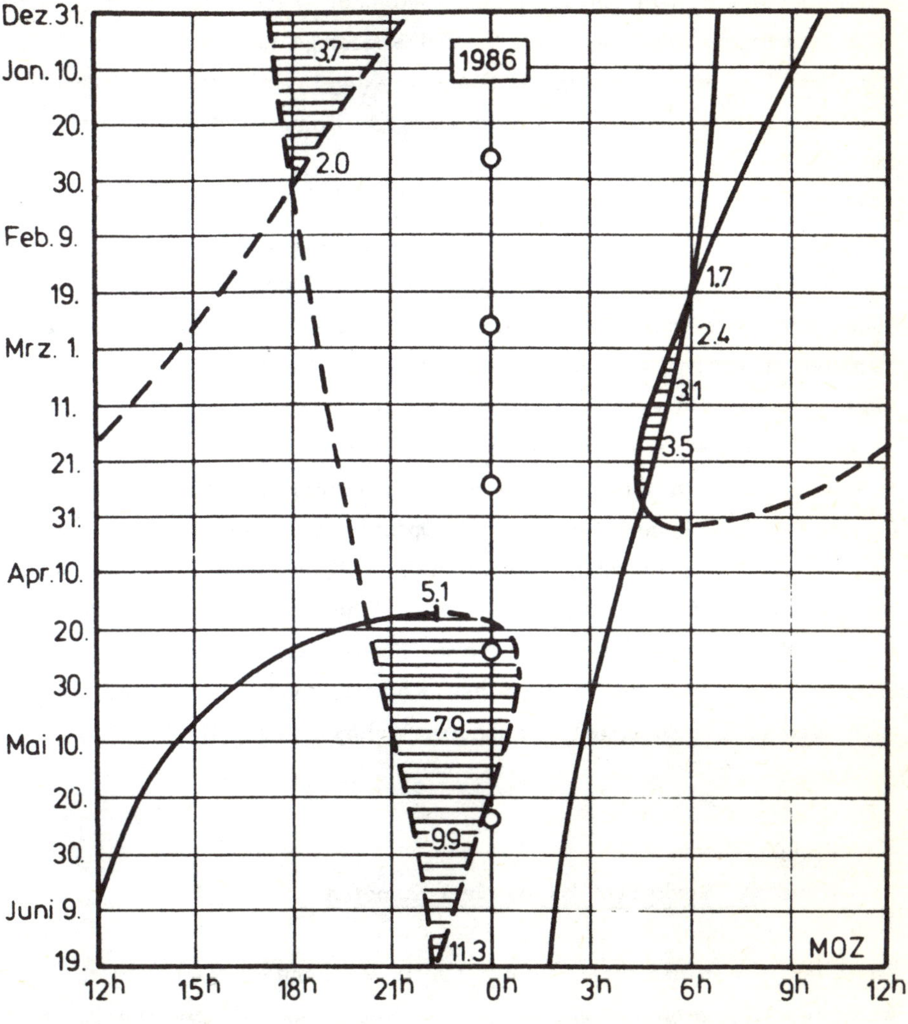

Abbildung 38: Auf- und Untergangsdiagramm des Halleyschen Kometen vom 1. Januar bis 19. Juni 1986.

4 Raumfahrtmissionen zum Halleyschen Kometen

Zum erstenmal in der Geschichte der Menschheit wird der Halleysche Komet Besuch von der Erde bekommen. Eine regelrechte Armada von Raumflugkörpern wird ihn aus unterschiedlicher Distanz untersuchen. Nach dem derzeitigen Stand der Technik sind allerdings nur rasche Vorbeiflüge mit einer Relativgeschwindigkeit Sonde - Komet von etwa 70 Kilometern pro Sekunde möglich, da der Umlaufsinn des Kometen dem der Erde und der übrigen Planeten entgegengesetzt ist.

An den Unternehmungen sind die europäische Raumfahrtorganisation ESA, die Sowjetunion sowie Japan beteiligt. Auch bei der NASA gab es einst Pläne, eine mit Ionentriebwerken ausgestattete Sonde zum Halleyschen Kometen zu entsenden. Nach einem raschen Vorbeiflug wäre diese in der Lage gewesen, einen Parallelkurs mit dem kurzperiodischen Kometen Tempel-2 einzuschlagen und diesen aus einer Distanz von wenigen Kilometern über einen längeren Zeitraum zu untersuchen. Das kostspielige Projekt fiel jedoch dem Rotstift zum Opfer. Als Notlösung erinnerte man sich an den alten Forschungssatelliten ISEE-3, der nach mehreren Kursmanövern am Beobachtungsprogramm des Halleyschen Kometen teilnehmen wird (siehe Kapitel 4.4). Die NASA beabsichtigt ferner, den Venus-Pioneer-Orbiter auf den Halleyschen Kometen auszurichten, um Untersuchungen im ultravioletten Bereich vorzunehmen (siehe Kapitel 4.5).

4.1 Projekt Giotto – Europas Sonde zum Halleyschen Kometen

Zu Ehren des italienischen Malers Giotto di Bondone (vgl. Kapitel 1.3) wurde die Kometenmission der europäischen Raumfahrtorganisation ESA als Projekt Giotto benannt. Der Start einer Sonde mit der Europarakete Ariane ist für den 10. Juli 1985 von Kourou in Guyana aus vorgesehen.

Bei planmäßiger Abwicklung des Programms wird die Sonde den Kometen fünf Wochen nach dem Perihel, am 13.3.1986 passieren.

Das Projekt Giotto kommt einem interplanetaren Kamikazeflug gleich: Mit einer Relativgeschwindigkeit Sonde - Komet von 68 km pro Sekunde wird die Instrumentenkapsel in nur 500 km Distanz am Kern des Kometen vorbeischießen. Obwohl diese geringe Entfernung für die Sonde ein hohes Risiko beinhaltet, wurde sie gewählt, um möglichst exakte Daten über die chemische Zusammensetzung der inneren Koma zu gewinnen. Hierbei werden allerhöchste Anforderungen an die Technik gestellt, da die wichtigsten Daten innerhalb weniger Minuten gesammelt werden müssen.

Die Giotto-Sonde (siehe Abbildung 39) ist mit einem zweifachen Schutzschild, das die bei der Durchquerung der Koma auftreffenden Staubkörner von den Instrumenten fernhalten soll, ausgestattet. Kleinere Partikel bis etwa 1 mm Durchmesser verdampfen beim Aufprall spontan. Größere Partikel von 1 bis 10 mm Durchmesser, mit denen in der inneren Koma gerechnet werden muß, sind bereits problematischer. Wenn auch die totale Zerstörung der Sonde unwahrscheinlich ist, so könnte die Kollision mit einem zentimetergroßen Brocken bereits die Raumlage der Sonde verändern, so daß die mit der Richtantenne gesendeten Meßdaten an der Erde vorbei in die Tiefen des Alls gelenkt würden.

Die Giotto-Sonde wird folgende wissenschaftliche Geräte an Bord führen:

1. Fernsehkamera
2. Neutralgas-Massenspektrometer
3. Ionen-Massenspektrometer
4. Analysator für positive Ionencluster und Elektronen
5. Sensor für schnelle Ionen
6. Staub-Massenanalysator
7. Staub-Einschlagsdetektor

8. Staubphotometer
9. Magnetometer
10. Sensor für hochenergetische Ionen
 und Elektronen.

Eine Mehrfarben-Kamera wird während der Annäherung und beim Durchflug durch die Kometenkoma voraussichtlich mehr als 2000 Photos schießen. Ob es dabei möglich ist, Aufnahmen vom Kern zu erhalten, hängt von der optischen Durchlässigkeit im Zentralbereich der Koma ab.

Abbildung 39: Die Giotto-Sonde

Oben: Doppeltes Schutzschild
Mitte: Wissenschaftliche Geräte
Unten: Senderantenne

Die Experimente zum Nachweis der neutralen und ionisierten Gase sollen mit Hilfe von Massenspektrometern erfolgen. Sie geben Aufschluß über die Zusammensetzung und den Aufbau der Koma sowie über die sich dort abspielenden physikalischen und chemischen Prozesse. Von den Staubexperimenten erhofft man sich Daten über Größenverteilung, Struktur und chemische Zusammensetzung des Kometenstaubes. Schließlich soll die Wechselwirkung des Kometen mit dem Solarwind und dem interplanetaren Magnetfeld untersucht werden.

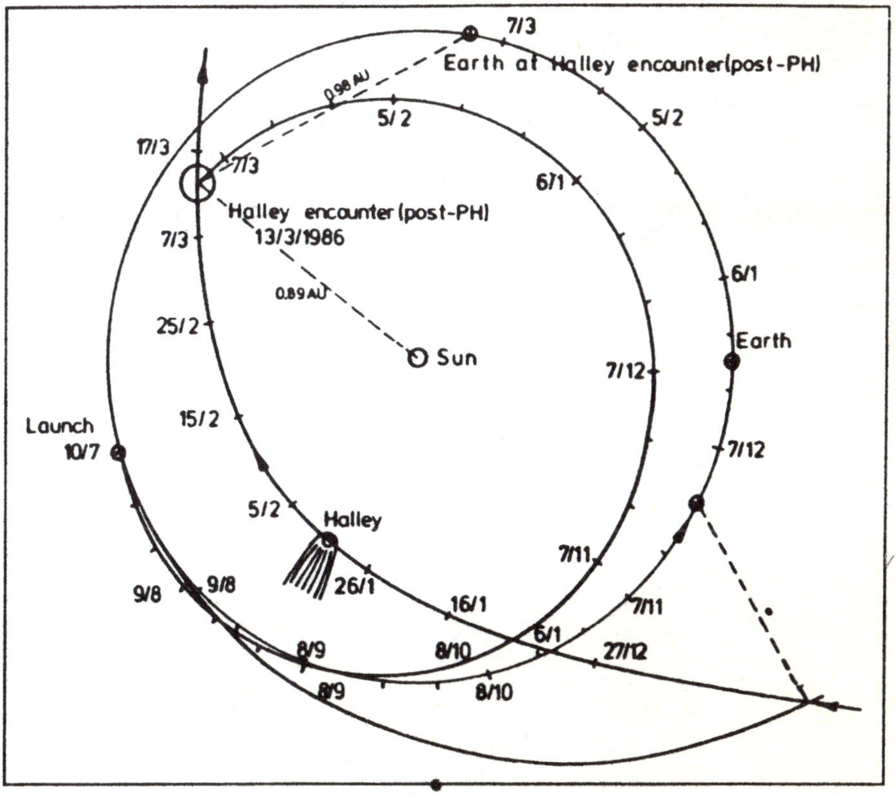

Abbildung 40: Die Bahn der Giotto-Sonde vom Starttermin bis zur Annäherung an den Halleyschen Kometen. Der Umlaufsinn des Kometen ist dem der Erde entgegengesetzt (retrograd), und die Bahnebene ist um 18° gegen die Ekliptik geneigt.

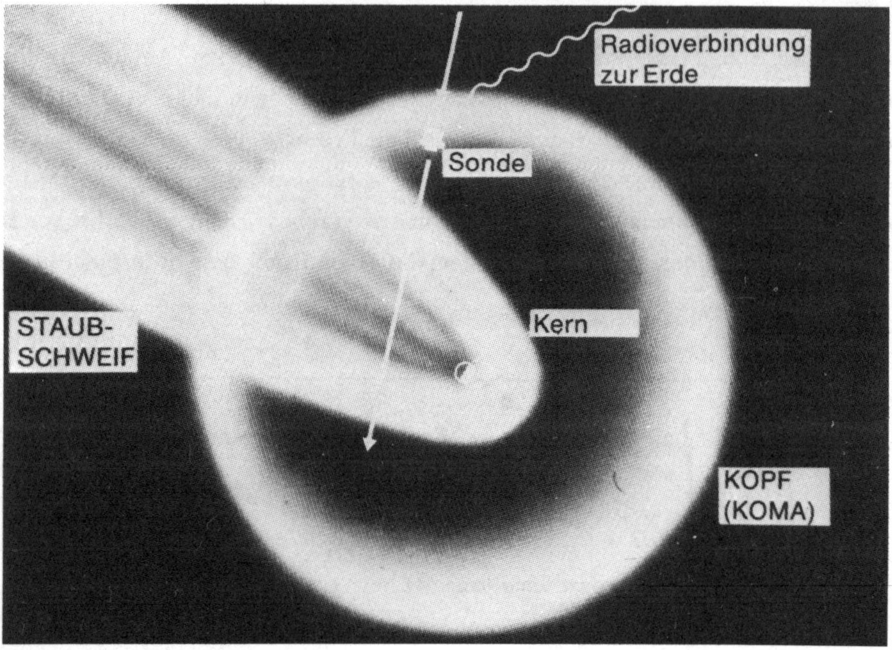

Abbildung 41: In nur 500 km Distanz wird die Giotto-Sonde am Kern des Halleyschen Kometen vorbeigelenkt. Ein asymmetrischer Materieimpakt würde die Raumlage der Sonde verändern und den Funkkontakt zur Erde abreißen lassen.

4.2 Projekt Vega - die sowjetische Mission zum Halleyschen Kometen

Bereits im Dezember 1984 ist von der sowjetischen Weltraumbehörde „Interkosmos" unter der Bezeichnung „Projekt Vega" der Start zweier Sonden zum Halleyschen Kometen geplant. Das Projekt Vega ist eine Doppelmission: Zunächst wird der Planet Venus angesteuert. In der Venusatmosphäre werden zwei je 25 Kilogramm schwere mit wissenschaftlichen Geräten ausgerüstete Ballone ausgesetzt, um deren Dynamik über einen Zeitraum von zwei bis drei Tagen zu verfolgen. Mit Hilfe der „Swing-by-Technik" lassen sich beide Sonden anschließend zum Halleyschen Kometen katapultieren. Die sowjetische Mission ist eine multinationale Unternehmung, an der auch Institute aus Ungarn, Bulgarien, Polen, der CSSR, Frankreich, Österreich sowie der Bundesrepublik Deutschland beteiligt sind.

Ein aus zwei Apparaten bestehendes Kamerasystem soll Schwarzweiß- und Farbaufnahmen aus der Zentralregion der Kometenkoma liefern. Ein Spektrometer an Bord der Sonde wird die elektromagnetische Strahlung sowohl im sichtbaren als auch im ultravioletten und im infraroten Teil des Spektrums messen. Zusätzlich soll ein Infrarotdetektor das Abbild des Kometenkerns im Licht seiner Wärmestrahlung festhalten. Ein Magnetometer wird die Änderungen des interplanetaren Magnetfeldes in der Umgebung des Kometen mit einer Genauigkeit von 10^{-6} Gauß vermessen, während ein Analysator die Ausbreitung von Plasmawolken in der den Kern umgebenden Materie untersuchen wird.

Eine Reihe von Messungen, insbesondere zur chemischen Zusammensetzung der Koma und des Staubes, laufen parallel zur Giotto-Mission. Die erste Vega-Sonde wird den Kometen in 10 000 km Entfernung passieren, während Vega-2 sich dem Schweifstern bis auf 3 000 km nähern wird. Bei erfolgreichem Ablauf der Mission stellen die aus unterschiedlichen Kerndistanzen gewonnen Daten zur chemischen Zusammensetzung der Koma

Abbildung 42: Die sowjetische Raumsonde Vega-1 in der Montagehalle. Der Ballon im oberen Teil wird zusammen mit den dazugehörigen Instrumenten in der Venusatmosphäre ausgesetzt.

zusammen mit den Giotto-Werten eine wertvolle Studie dar. Für die Astronomen sind die innerhalb der Koma ablaufenden Prozesse in jeder Hinsicht wissenschaftliches Neuland.

Ähnlich wie beim Projekt Giotto sind auch die Vega-Experimente durch ein Doppelschutzschild gegen zerstörerische Kollisionen mit den Staubpartikeln geschützt. Dem Fahrplan nach soll Vega-1 den Halleyschen Kometen am 8. März 1986 passieren. Vega-2 wird voraussichtlich zwischen dem 12. und 16. März folgen (das genaue Datum lag bei Drucklegung noch nicht fest). Die Lokalisierung des Kometenkerns durch Vega-1 könnte für die europäische Mission hilfreich sein, denn die Übermittlung der genauen Positionsdaten erlaubt noch eine kurzfristige Kurskorrektur der im Abstand von fünf Tagen folgenden Giotto-Sonde.

4.3 Japans Mission zum Halleyschen Kometen

Auch die Japaner beabsichtigen zwei Sonden zum Halleyschen Kometen zu entsenden. Hierbei ist die erste, MS-T5 genannt, als Testsonde gedacht. Der Start wird voraussichtlich im Januar 1985 vom japanischen Kagoshima Center aus erfolgen. Bei planmäßigem Ablauf der Mission zieht die mit einem Plasmawolkendetektor, einem Solarwindanalysator und einem Magnetometer ausgerüstete Sonde am 8. März 1986 in der respektablen Distanz von 10 Millionen Kilometern am Halleyschen Kometen vorbei. Der Start der Schwestersonde Planet-A ist für August 1985 vorgesehen. Auf ihrem Flug wird sie MS-T5 überholen und den Halleyschen Kometen bereits am 7. März 1986 in 100 000 Kilometern Distanz passieren. Planet-A ist mit einer Kamera und einem Solarwindnachweisgerät ausgestattet.

Wenn auch die japanische Mission von den Instrumenten her wesentlich bescheidener ausfällt als die Giotto- oder Vega-Mission, so dürften die Ergebnisse dennoch eine willkommene Ergänzung zu den übrigen Halley-Daten darstellen.

4.4 ISEE 3 - ein Veteran auf Kometenkurs

Im August 1978 wurde im Rahmen des „International Sun-Earth-Explorer-Programms" (kurz: ISEE) eine Raumsonde von einer Rakete zum Librationspunkt, einer etwa 1.5 Millionen Kilometer von der Erde entfernten Schwerkraftmulde, in der sich die Anziehungskräfte von Sonne und Erde aufheben, befördert. Von dieser Position aus beobachtete ISEE-3 fast vier Jahre lang den solaren Partikelstrom.

Da die Mission absolut reibungslos verlief, verblieben vom großzügig kalkulierten Treibstoffvorrat noch 63 Kilogramm Hydrazin für die zwölf kleinen Antriebsdüsen des Satelliten. Durch geschickten Einsatz der Triebwerke sowie fünf! „Mond-swing-by-Manövern" kann ISEE-3 durch den Schweif des Kometen Giacobini-Zinner und anschließend in die Nähe des Halleyschen Kometen katapultiert werden. Die kleinste Distanz zum Kometen Giacobini-Zinner wird am 15. September 1985 mit 15 000 km erreicht. Am 31. Oktober 1985 zieht der Satelliten-Veteran in 13.8 Millionen Kilometern Entfernung am Halleyschen Kometen vorbei. Eine zweite Begegnung wird am 31. März 1986 in 3.1 Millionen Kilometern Distanz stattfinden. Das Manöver dürfte als „Unternehmen zum Discount-Preis" in die Geschichte der NASA eingehen. Der Kurswechsel kostet weniger als fünf Millionen Dollar. Eine eigene Kometensonde hätte hingegen mindestens 200 Millionen Dollar verschlungen.

4.5 Pioneer-Venus beobachtet Halley

Mitte 1984 wurde eine weitere Trumpfkarte von der NASA ausgespielt: Der überaus erfolgreiche Venus-Orbiter (Pioneer) soll im Februar 1986 auf den Halleyschen Kometen ausgerichtet werden. Zu diesem Zeitpunkt befindet sich „Halley" in einer sehr günstigen Position zur Venus. Den Angaben der NASA zufolge soll der fünfmal pro Minute um seine Achse rotierende Orbiter durch geeignete Manöver in die jeweils gewünschte Orientierung gebracht werden. Dazu wird jeweils eine der sieben Steuerdüsen der Sonde einige tausendmal! etwa 0.5 Sekunden lang gezündet, und die Position in kleinen Intervallen verändert. Diese Korrektur ist erforderlich, da der Orbiter dem rasch vorbeiziehenden Kometen nachgeführt werden muß.

Aufgrund des begrenzten Gesichtsfelds des UV-Spektrometers wird bei jeder Umdrehung nur ein kleines Segment des Kometen erfaßt. Durch geeignete Variation des Blickfeldes kann auf diese Weise jedoch ein zweidimensionales Bild des gesamten Kometen streifenweise zusammengesetzt werden.

Die Pioneer-Daten dürften eine wertvolle Ergänzung zum bisherigen Halley-Programm bieten. Dadurch ergibt sich die Möglichkeit, den Kometen unmittelbar im Perihel zu beobachten. Darüber hinaus erhofft man aus den UV-Daten wertvolle Rückschlüsse auf die chemische Zusammensetzung der Koma sowie die produzierte Gas- und Staubmenge.

5 Anhang

5.1 Die Bewegung des Halleyschen Kometen vor dem Himmelshintergrund vom 1.11.1985 bis 30.5.1986 (Abb. 43 - 61)

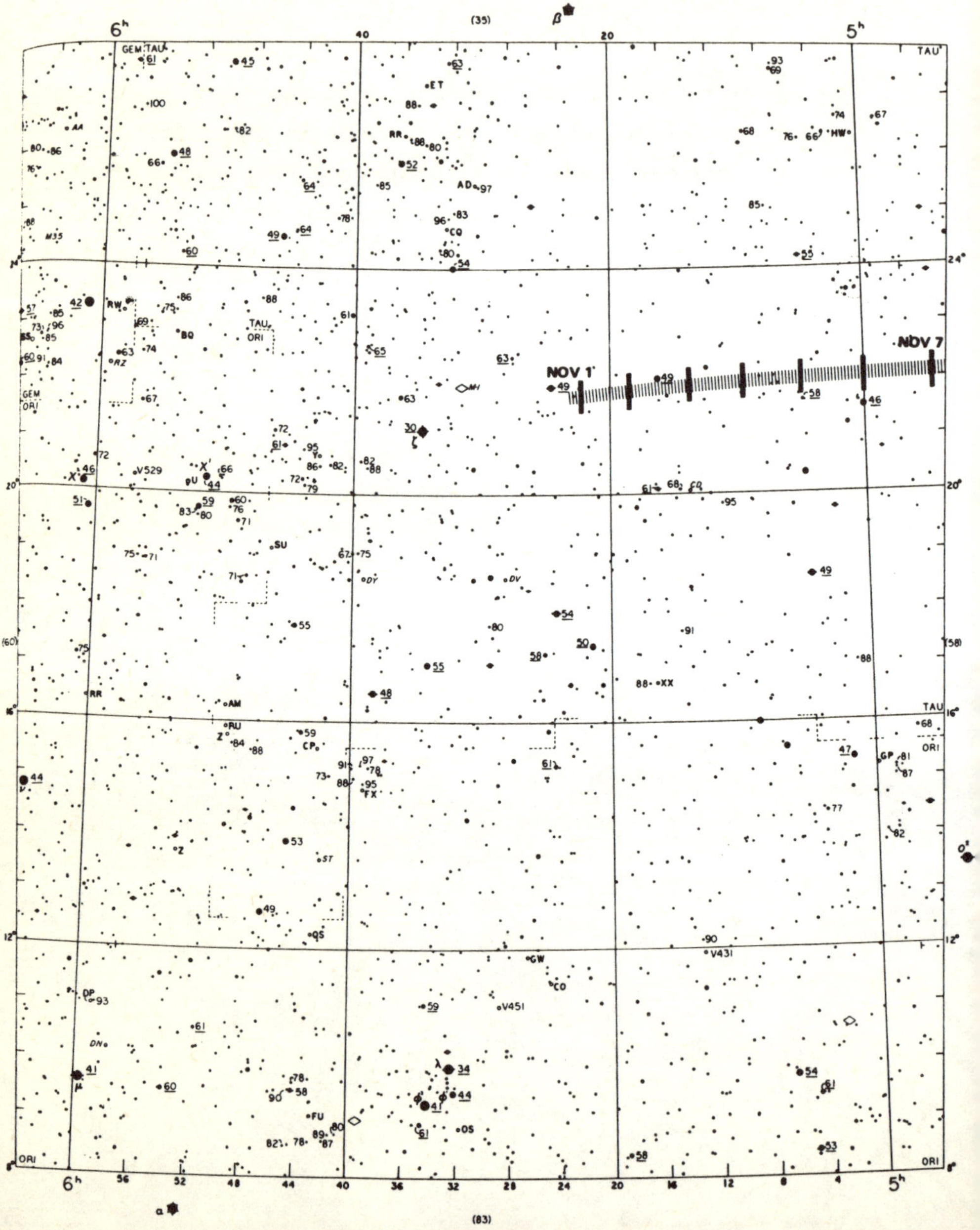

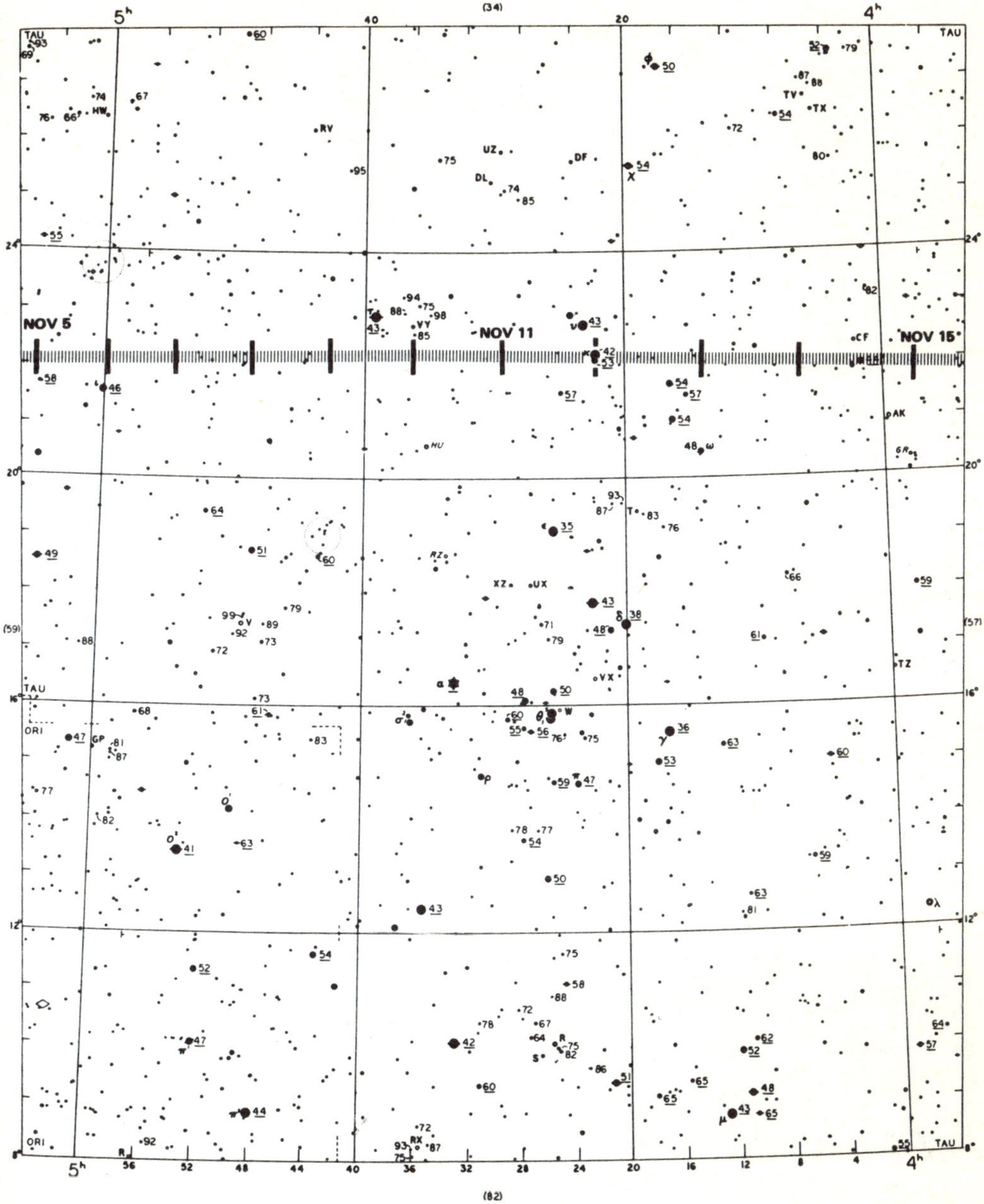
5h
40
20
4h
(34)
NOV 5
NOV 11
NOV 15
TAU
ORI
(82)

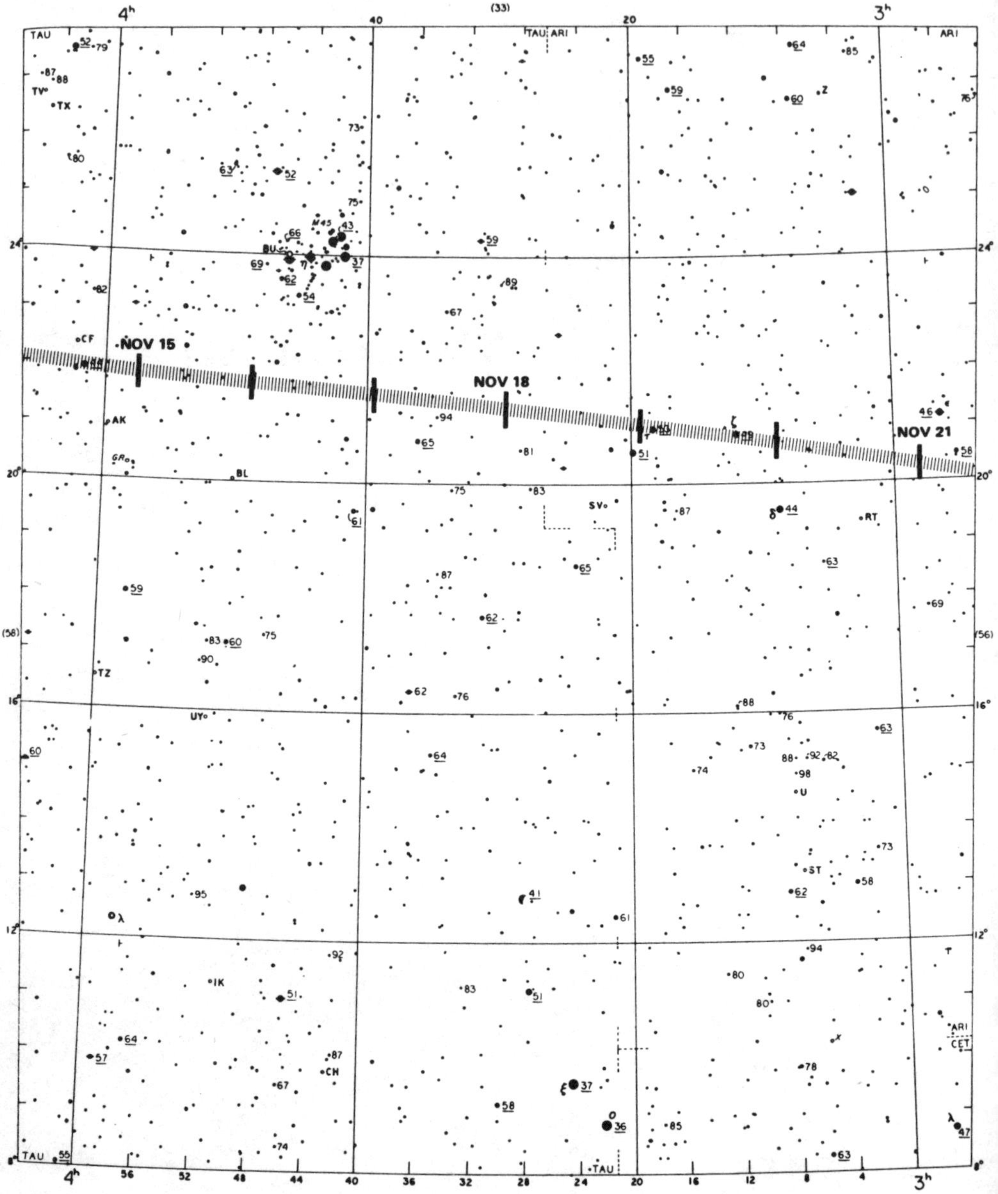

4h
40
20
3h
(33)
TAU ARI
TAU
ARI
M45
NOV 15
NOV 18
NOV 21
CF
AK
BL
SV
RT
TV
TX
TZ
UY
U
ST
IK
CH
ARI
CET
TAU 55
TAU
24°
20°
16°
12°
8°
(58)
(56)
56
52
48
44
40
36
32
28
24
20
16
12
8
4
(81)

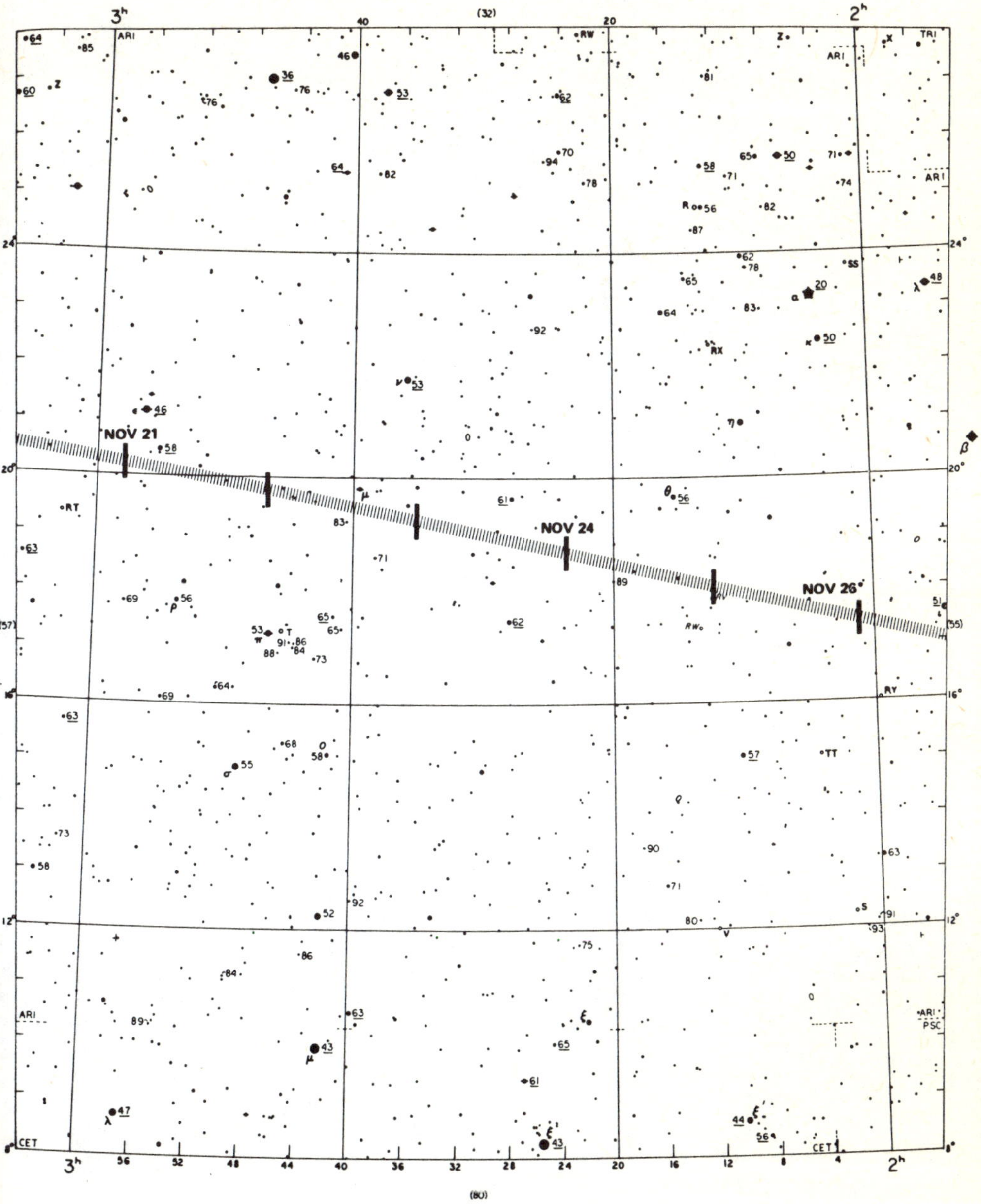
3h
40
(32)
20
2h
ARI
TRI
24°
20°
16°
12°
8°
NOV 21
NOV 24
NOV 26
CET
PSC
3h
56
52
48
44
40
36
32
28
24
20
16
12
8
4
2h
(80)

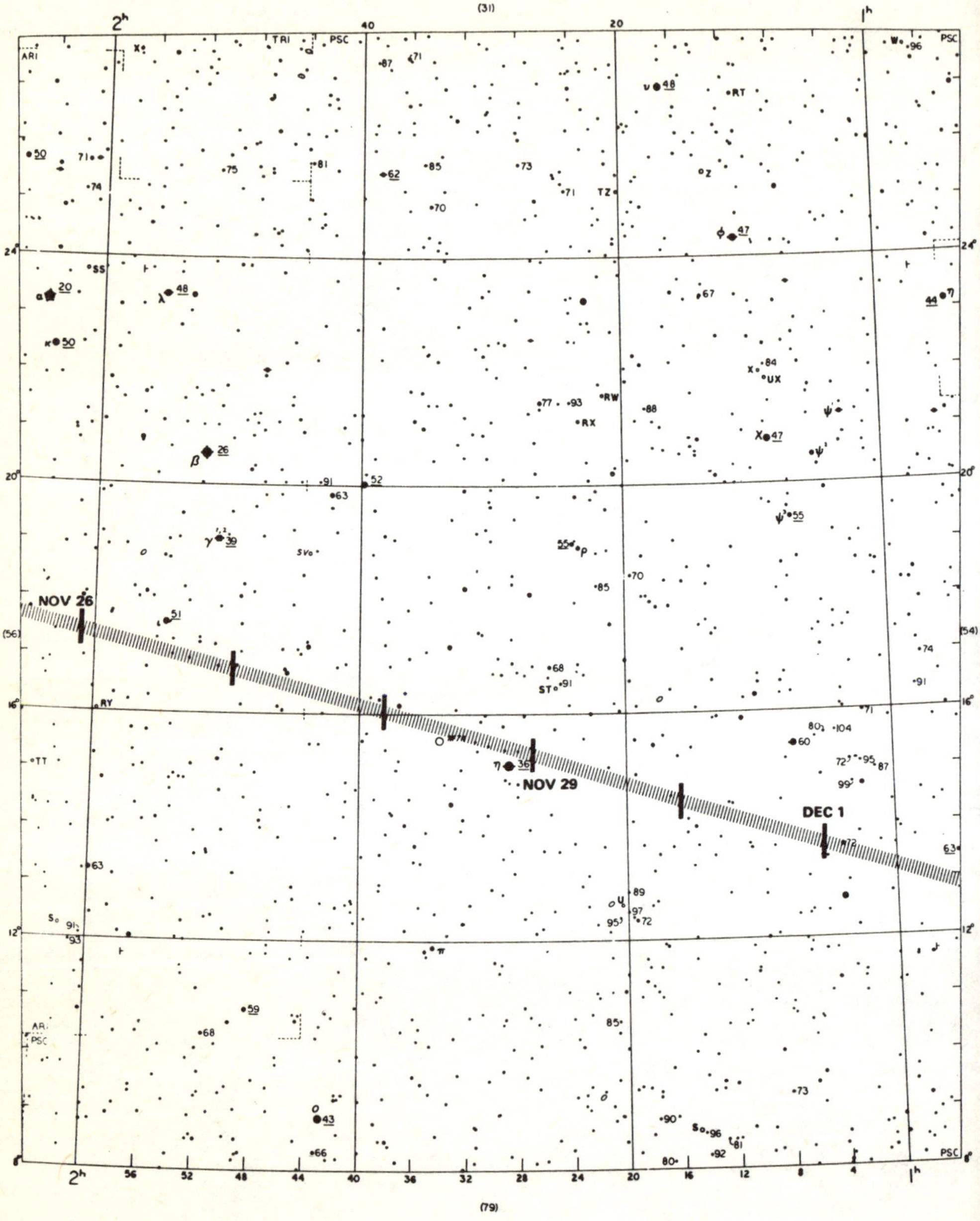
NOV 26
NOV 29
DEC 1
ARI
TRI
PSC
(31)
(79)
(56)
(54)

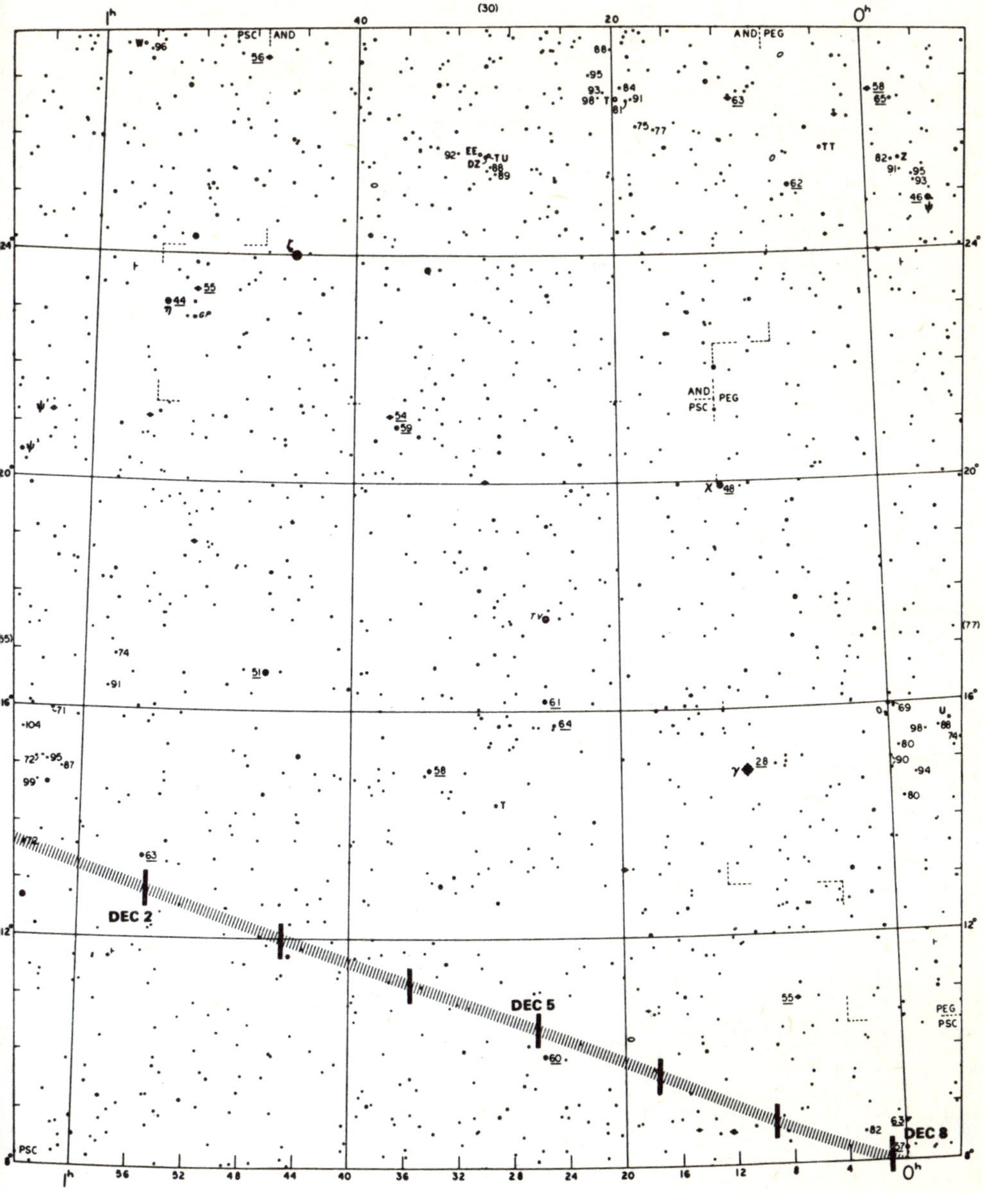
(30)
(78)
(77)
PSC
AND
PEG
0h
1h
DEC 2
DEC 5
DEC 8
24°
20°
16°
12°
8°
56
52
48
44
40
36
32
28
24
20
16
12
8
4

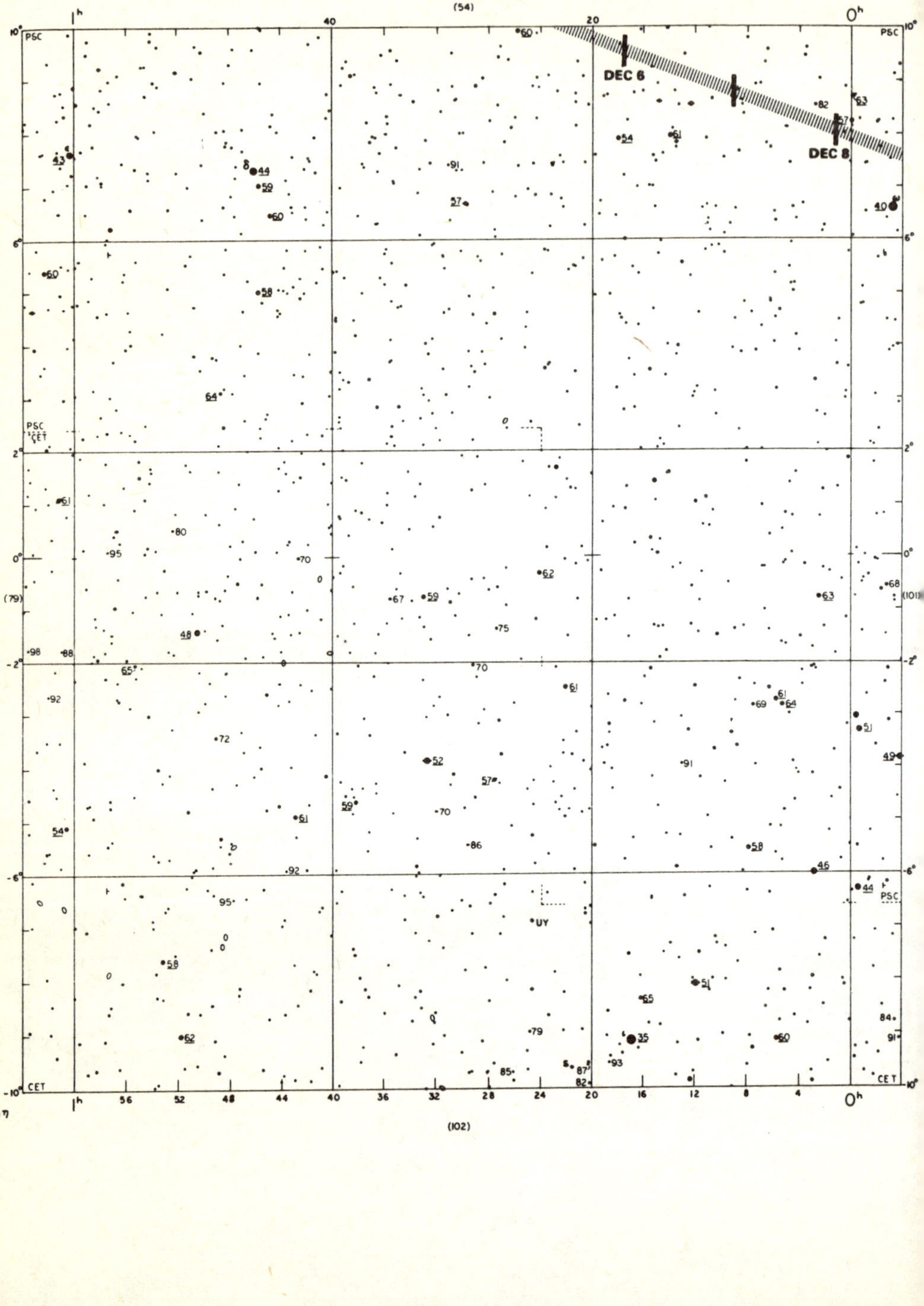
(54)
1h
40
20
0h
PSC
DEC 6
DEC 8
CET
UY
(79)
(101)
56
52
48
44
40
36
32
28
24
20
16
12
8
4
(102)
10°
6°
2°
0°
-2°
-6°
-10°

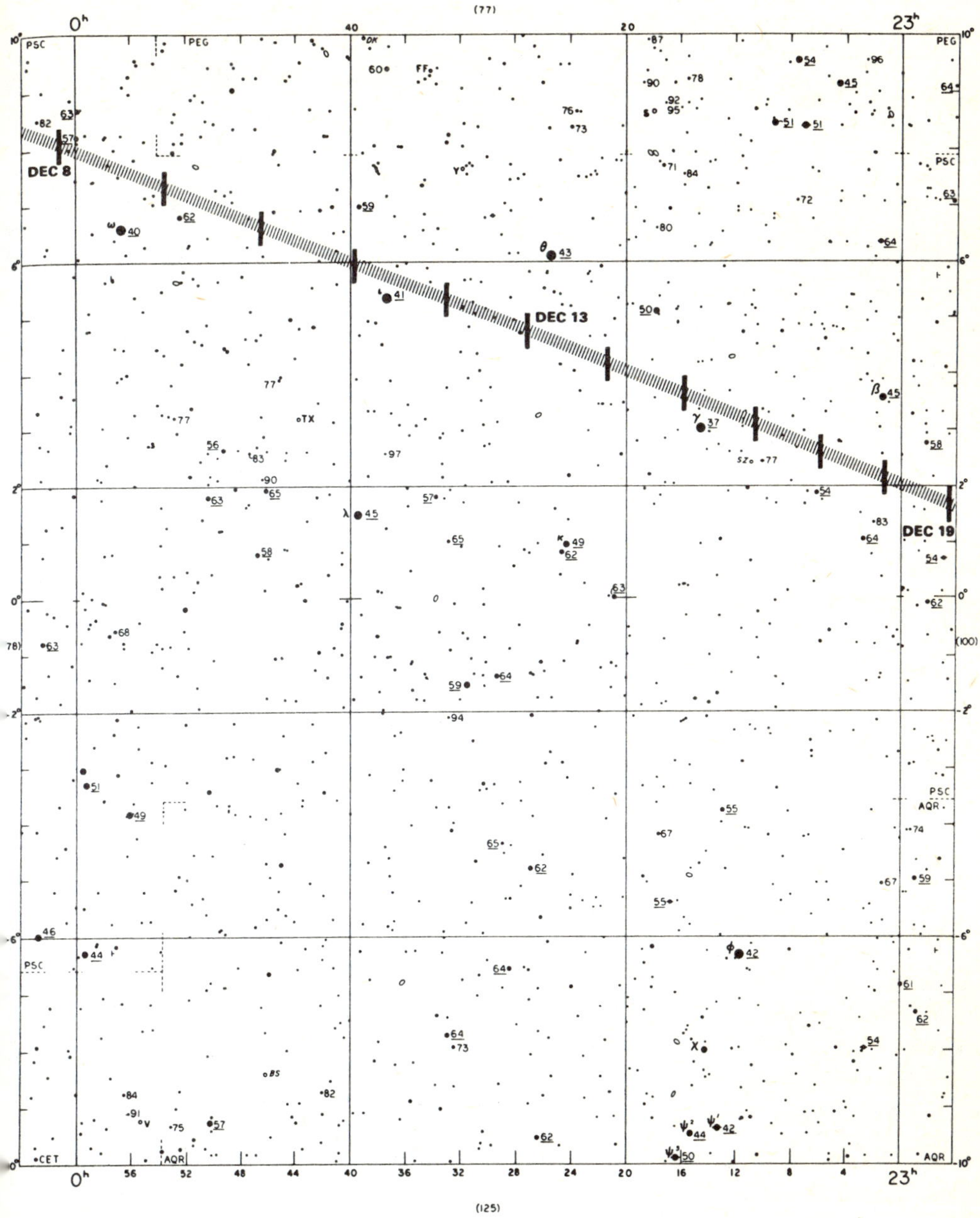
(77)
0ʰ
40
20
23ʰ
PSC
PEG
AQR
CET
DEC 8
DEC 13
DEC 19
TX
SZ
FF
BS
(100)
(125)

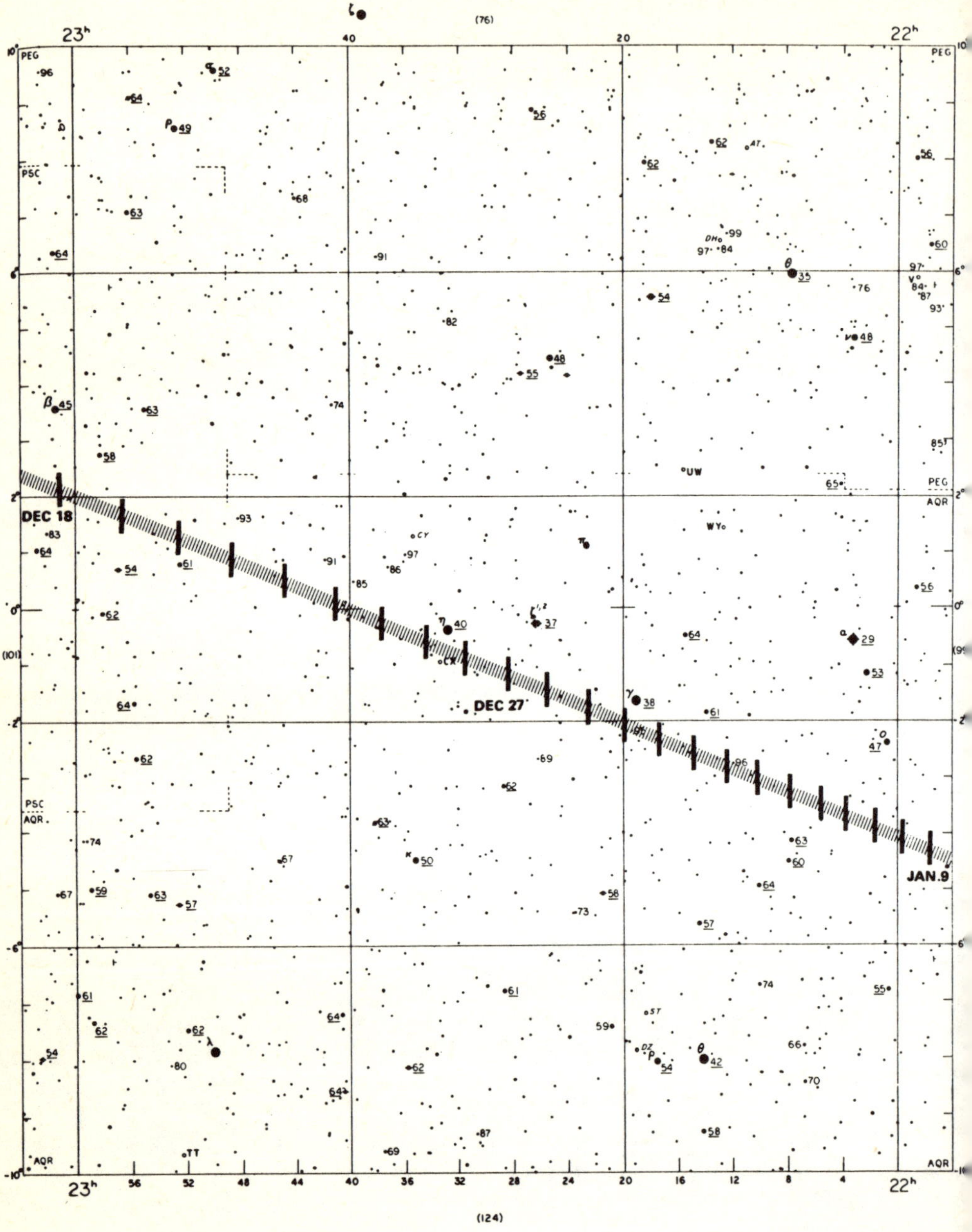
(76)
23h
40
20
22h
PEG
PSC
AQR
PEG
AQR
DEC 18
DEC 27
JAN. 9
UW
WY
CY
CX
AT
DH
ST
DZ
TT
(101)
23h 56 52 48 44 40 36 32 28 24 20 16 12 8 4 22h
(124)

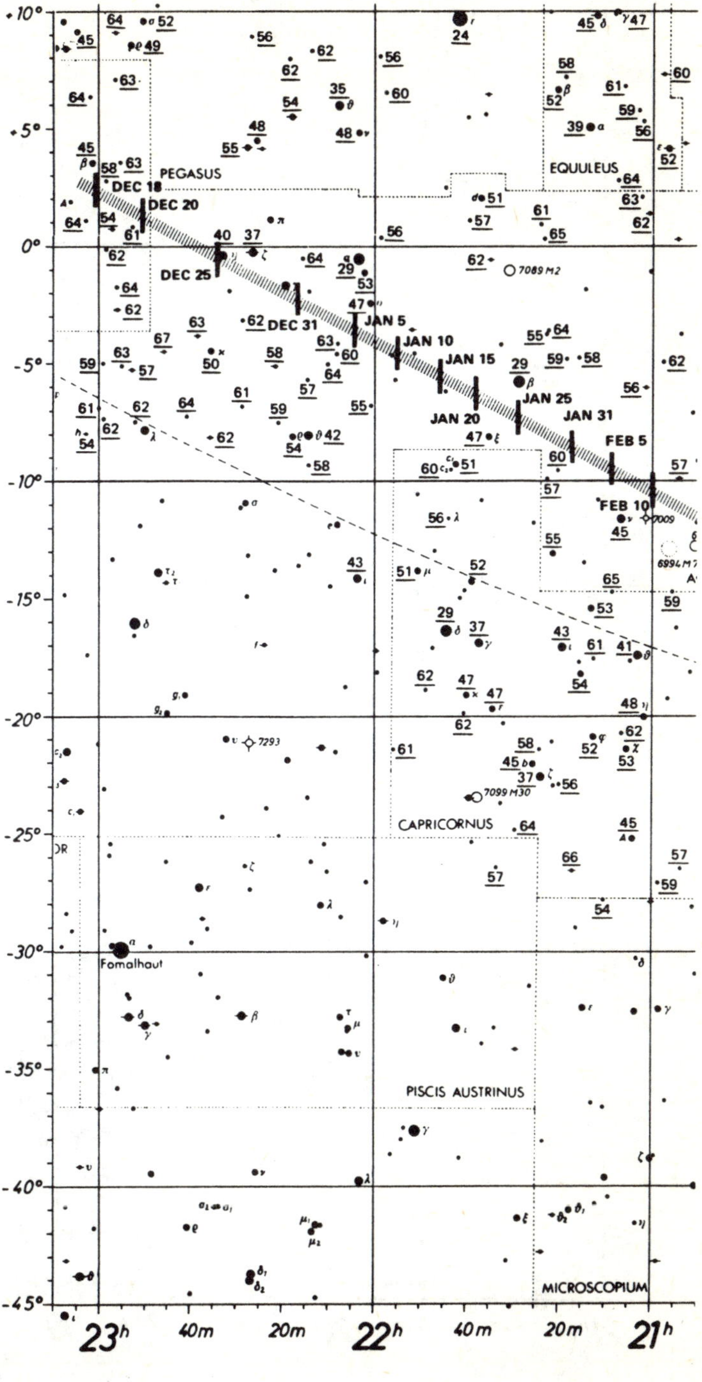

PEGASUS
EQUULEUS
CAPRICORNUS
PISCIS AUSTRINUS
MICROSCOPIUM
Fomalhaut
DEC 18
DEC 20
DEC 25
DEC 31
JAN 5
JAN 10
JAN 15
JAN 20
JAN 25
JAN 31
FEB 5
FEB 10
7089 M2
7099 M30
7293
7009
6994 M 73
+10°
+5°
0°
-5°
-10°
-15°
-20°
-25°
-30°
-35°
-40°
-45°
23h
40m
20m
22h
40m
20m
21h

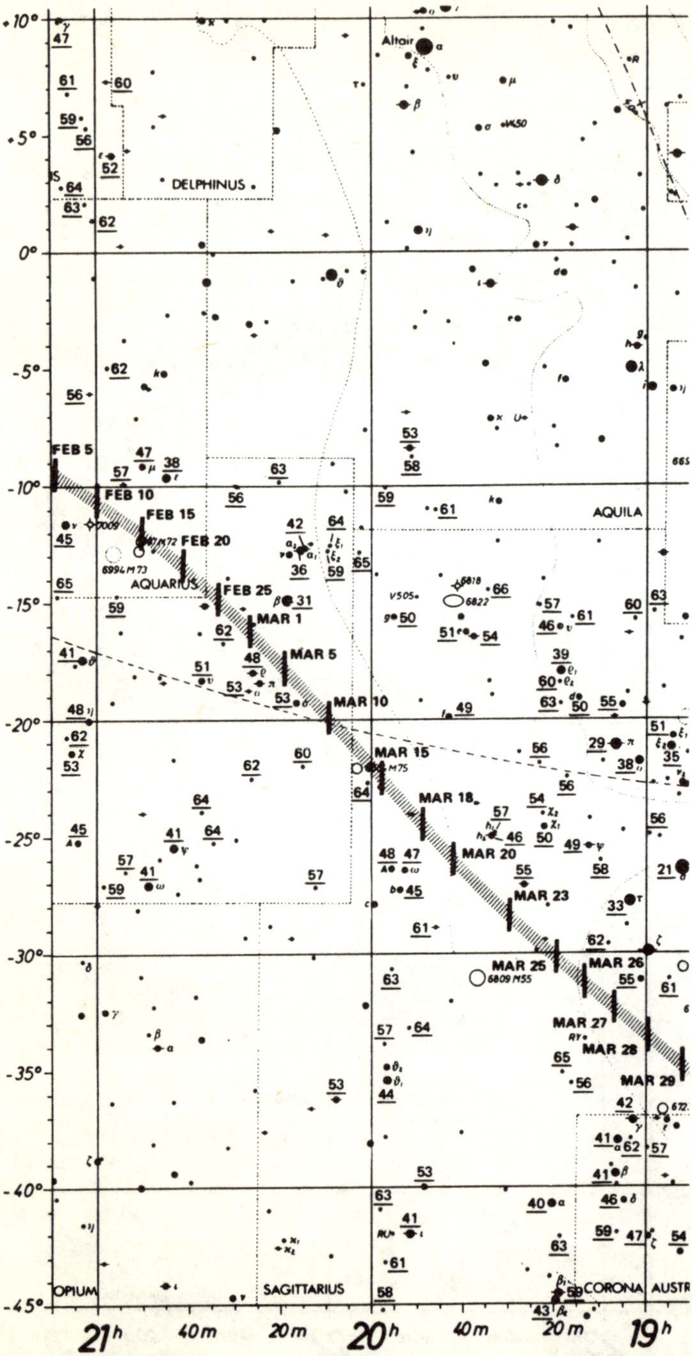
+10°
+5°
0°
-5°
-10°
-15°
-20°
-25°
-30°
-35°
-40°
-45°
Altair
DELPHINUS
AQUARIUS
AQUILA
SAGITTARIUS
CORONA AUSTR
FEB 5
FEB 10
FEB 15
FEB 20
FEB 25
MAR 1
MAR 5
MAR 10
MAR 15
MAR 18
MAR 20
MAR 23
MAR 25
MAR 26
MAR 27
MAR 28
MAR 29
7009
6994 M 73
M 72
M 75
6818
6822
V505
6809 M55
21h
40m
20m
20h
40m
20m
19h

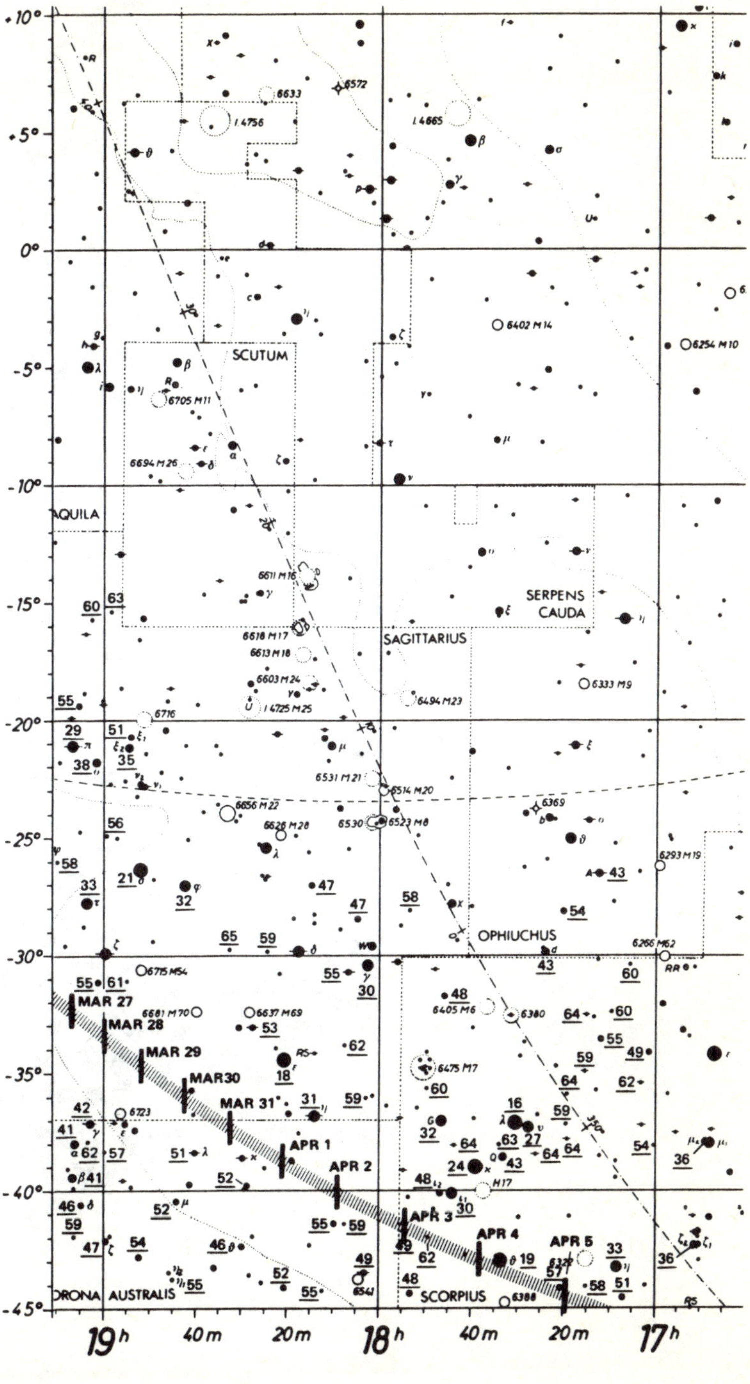
+10°
+5°
0°
-5°
-10°
-15°
-20°
-25°
-30°
-35°
-40°
-45°
19h
40m
20m
18h
40m
20m
17h
SCUTUM
AQUILA
SERPENS
CAUDA
SAGITTARIUS
OPHIUCHUS
SCORPIUS
ORONA AUSTRALIS
6633
6572
I.4756
I.4665
6402 M14
6254 M10
6705 M11
6694 M26
6611 M16
6618 M17
6613 M18
6603 M24
I.4725 M25
6494 M23
6333 M9
6716
6531 M21
6514 M20
6656 M22
6626 M28
6530
6523 M8
6369
6293 M19
6715 M54
6266 M62
6681 M70
6637 M69
6405 M6
6380
6475 M7
6723
H17
6541
6388
MAR 27
MAR 28
MAR 29
MAR30
MAR 31
APR 1
APR 2
APR 3
APR 4
APR 5

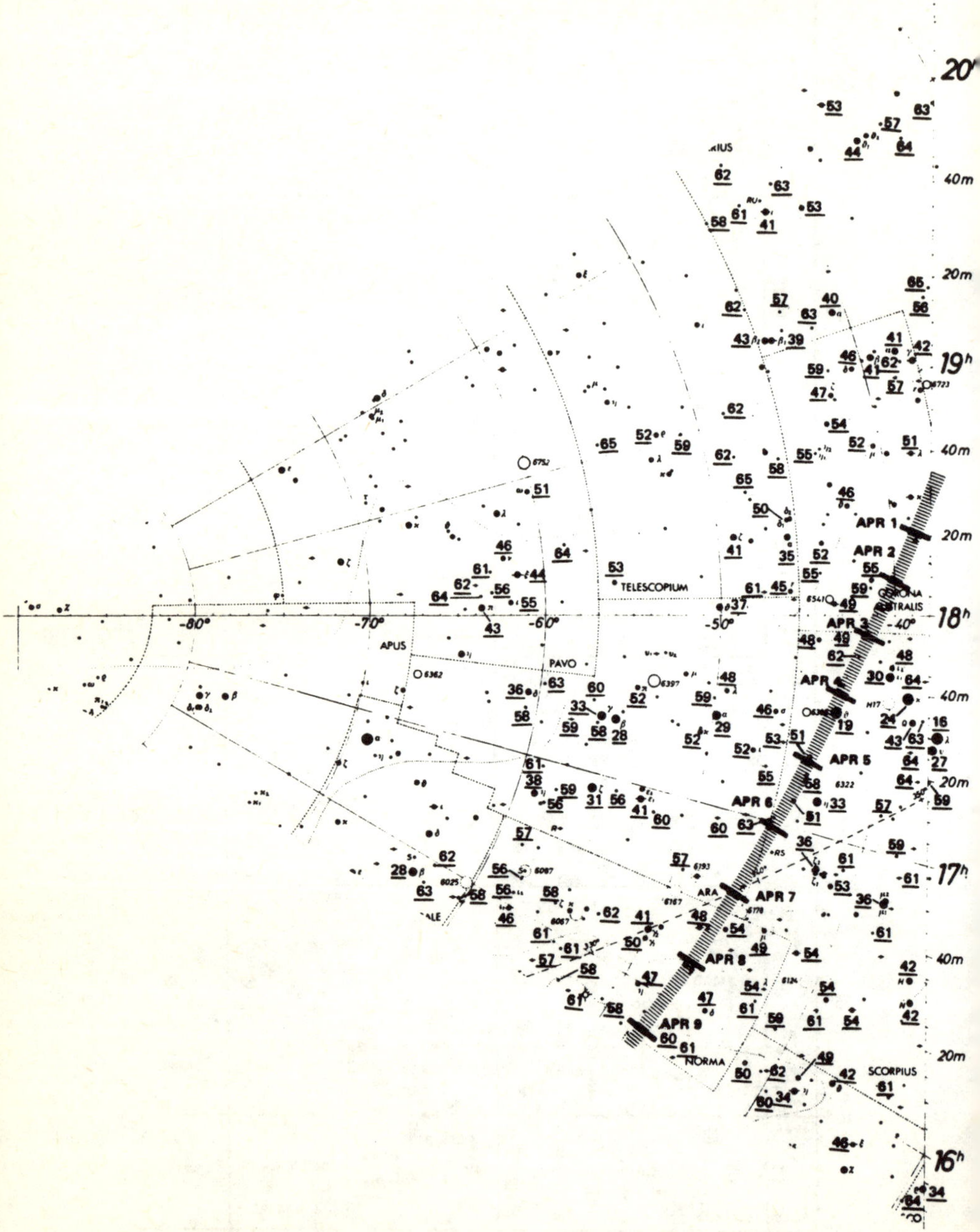
20h
40m
20m
19h
40m
20m
18h
40m
20m
17h
40m
20m
16h
-80°
-70°
-60°
-50°
-40°
APUS
PAVO
TELESCOPIUM
CORONA AUSTRALIS
ARA
NORMA
SCORPIUS
APR 1
APR 2
APR 3
APR 4
APR 5
APR 6
APR 7
APR 8
APR 9

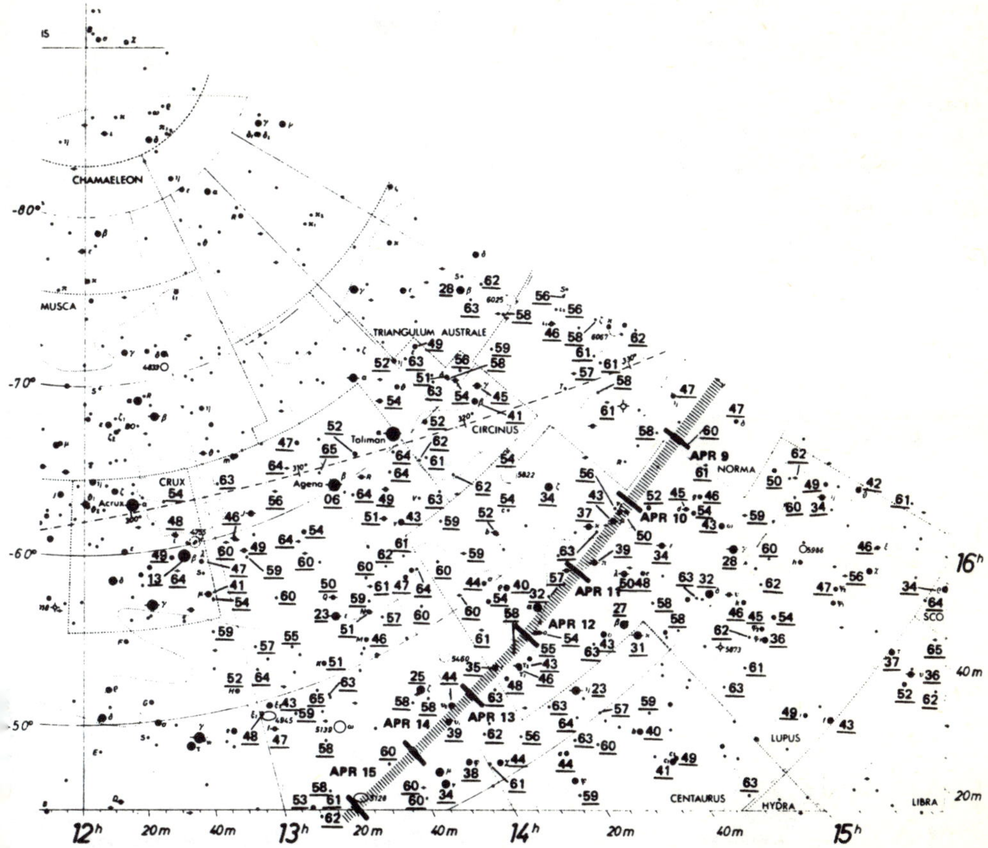
CHAMAELEON
MUSCA
TRIANGULUM AUSTRALE
CIRCINUS
CRUX
NORMA
LUPUS
CENTAURUS
HYDRA
LIBRA
SCO
Toliman
Agena
Acrux
APR 9
APR 10
APR 11
APR 12
APR 13
APR 14
APR 15
-80°
-70°
-60°
-50°
12h
20m
40m
13h
20m
40m
14h
20m
40m
15h
16h
40m
20m

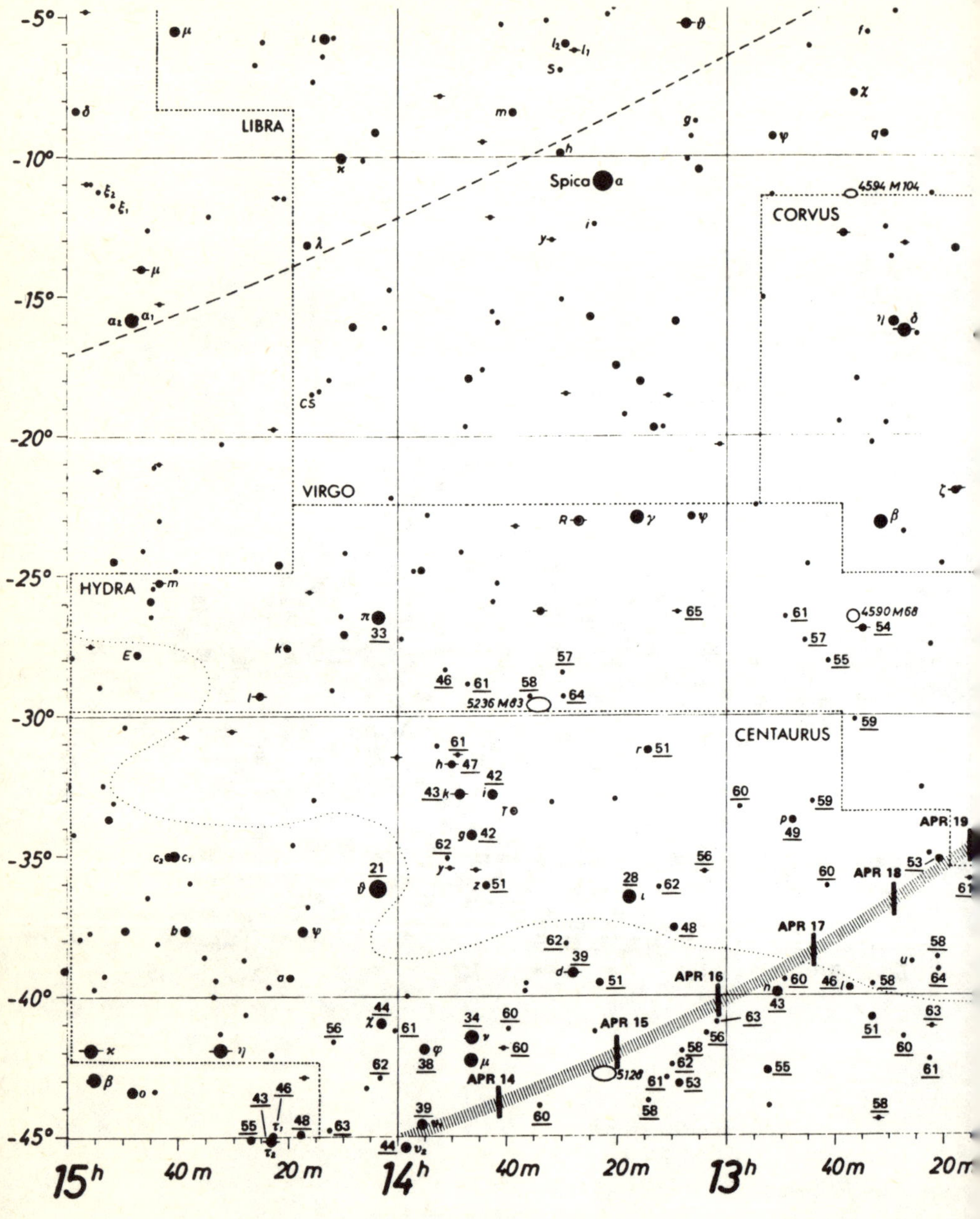
-5°
-10°
-15°
-20°
-25°
-30°
-35°
-40°
-45°
LIBRA
VIRGO
HYDRA
CORVUS
CENTAURUS
Spica α
4594 M104
4590 M68
5236 M83
5128
APR 14
APR 15
APR 16
APR 17
APR 18
APR 19
15h
40 m
20 m
14h
40m
20m
13h
40m
20m

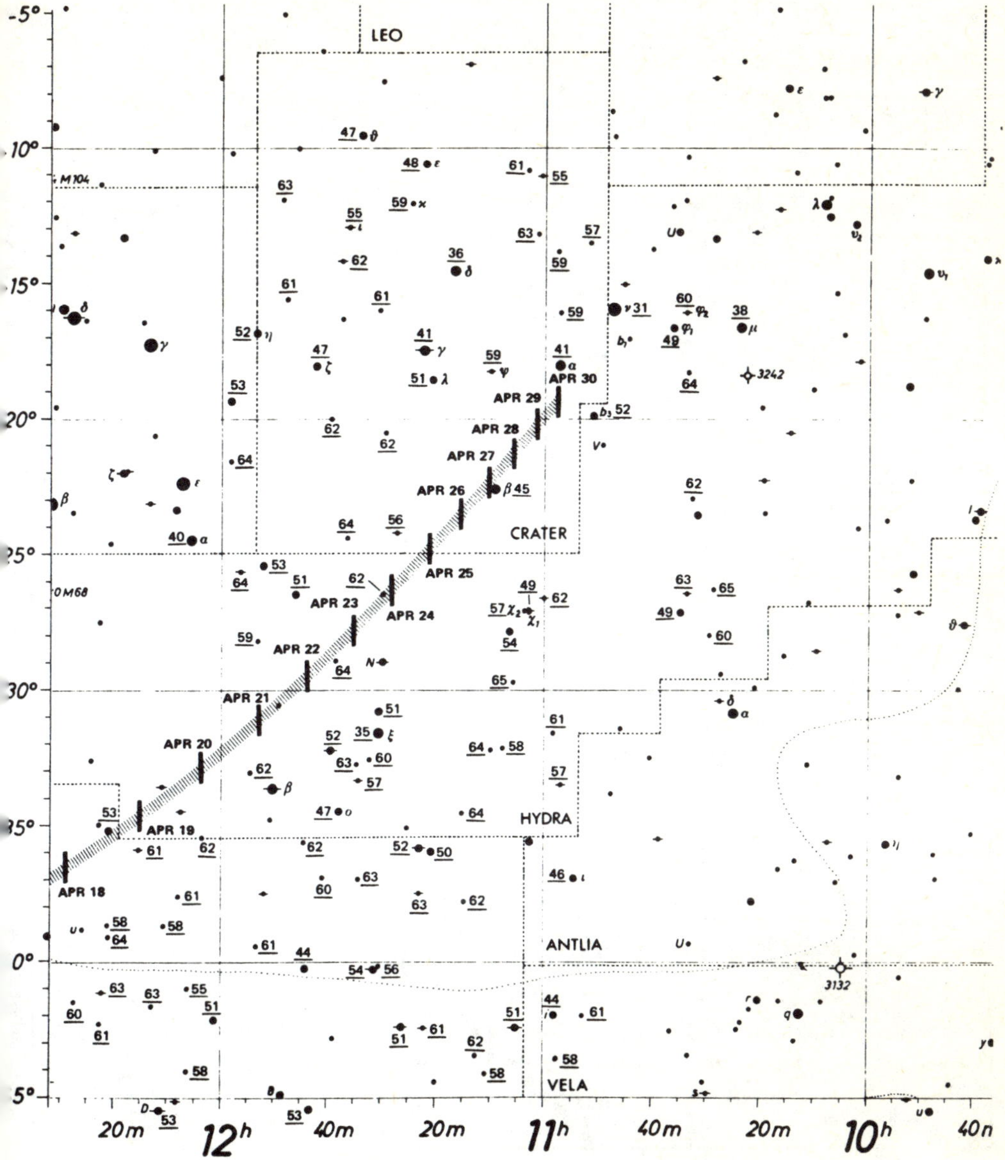
LEO
CRATER
HYDRA
ANTLIA
VELA
M104
M68
3242
3132
APR 18
APR 19
APR 20
APR 21
APR 22
APR 23
APR 24
APR 25
APR 26
APR 27
APR 28
APR 29
APR 30
-5°
-10°
-15°
-20°
-25°
-30°
-35°
-40°
-45°
20m
12h
40m
20m
11h
40m
20m
10h
40m

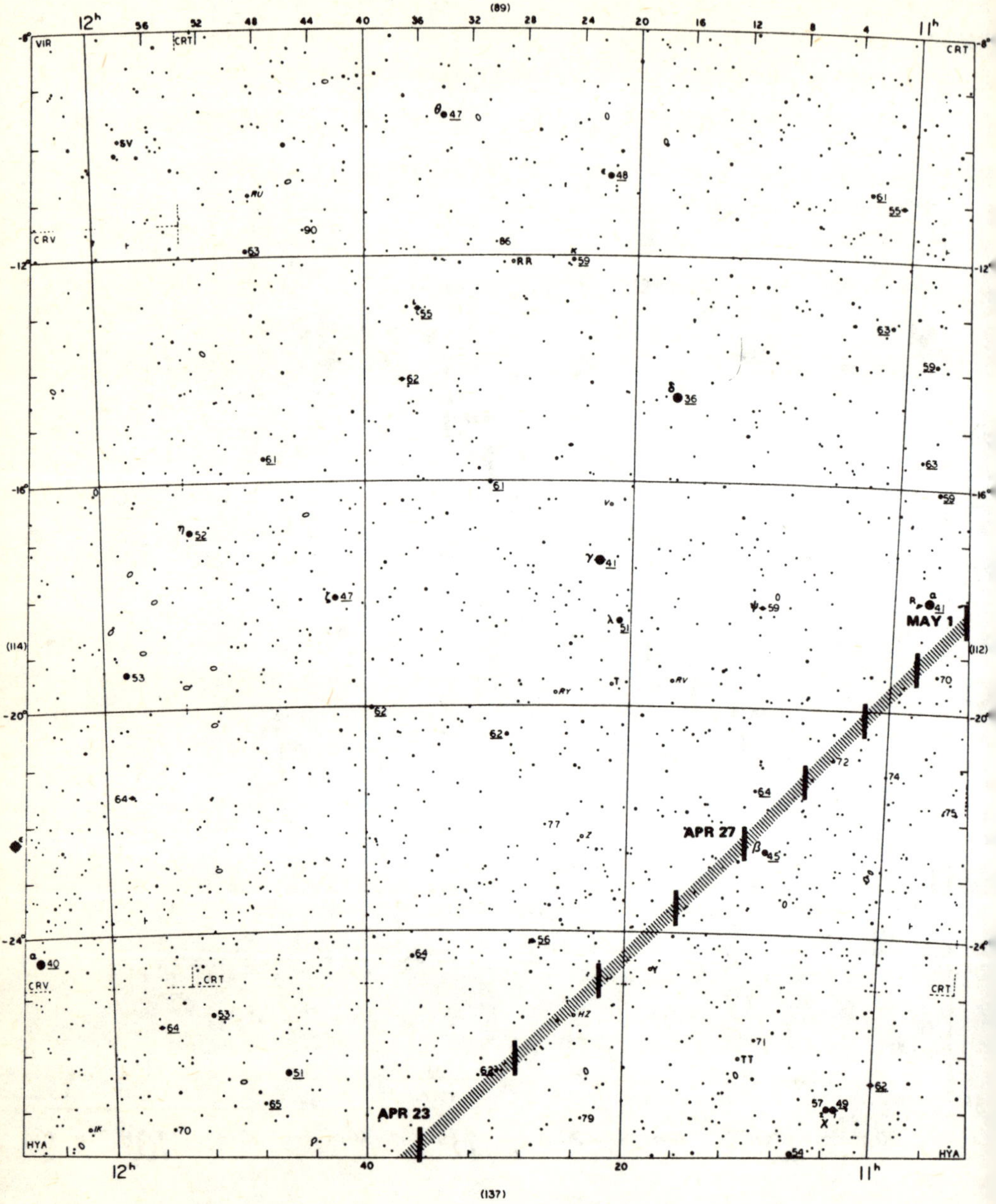
(89)
12h
56
52
48
44
40
36
32
28
24
20
16
12
8
4
11h
-8°
-12°
-16°
-20°
-24°
VIR
CRT
CRV
HYA
SV
RU
RR
θ 47
ε 48
κ 59
ι 55
δ 36
η 52
γ 41
ζ 47
λ 51
ψ 59
α 41
R
T
RY
RV
Z
HZ
TT
X
β 45
α 40
MAY 1
APR 27
APR 23
(114)
(112)
12h
40
20
11h
(137)

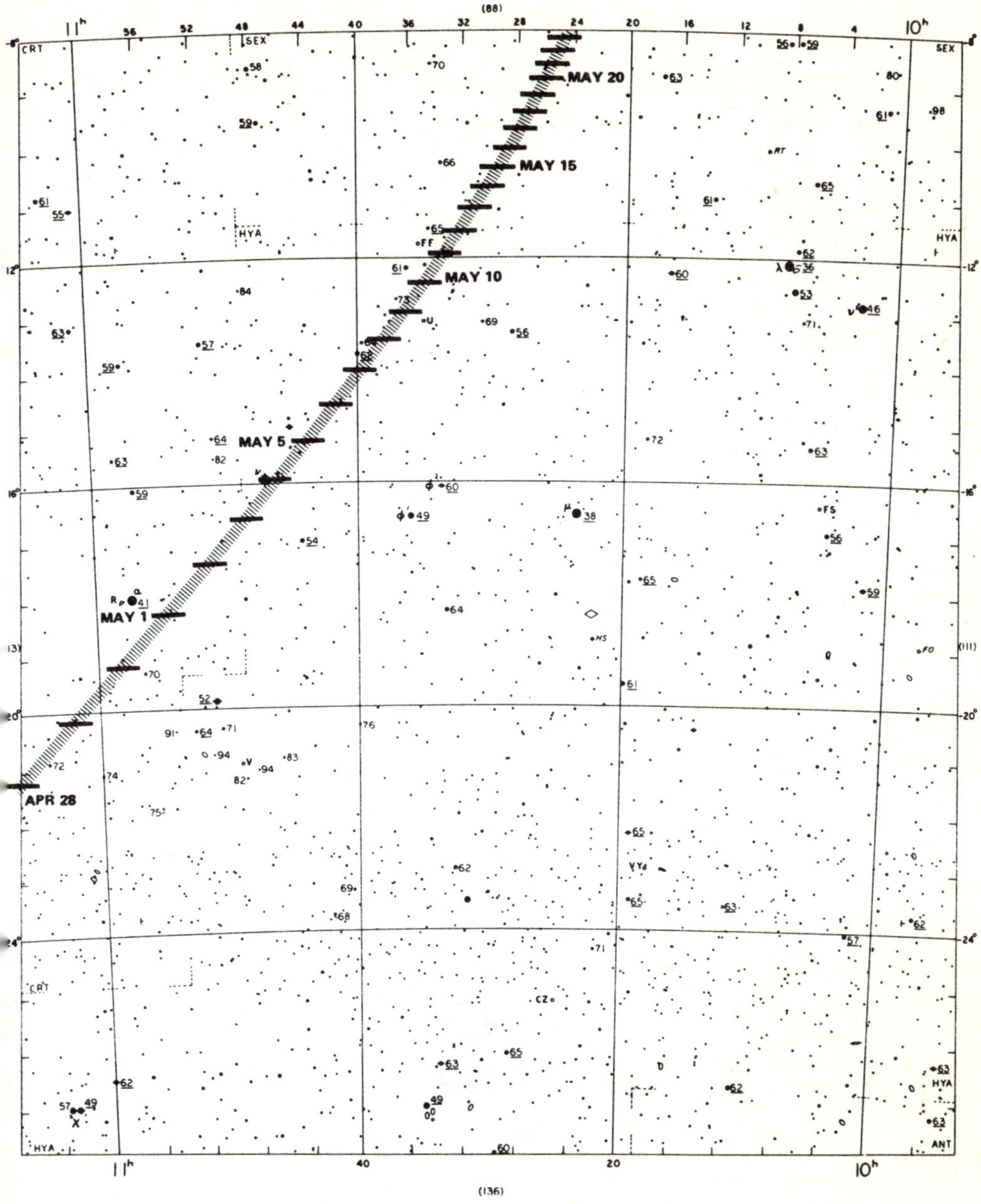
(88)
11h
56
52
48
44
40
36
32
28
24
20
16
12
8
4
10h
CRT
SEX
HYA
ANT
MAY 20
MAY 15
MAY 10
MAY 5
MAY 1
APR 28
12°
16°
20°
24°
(13)
(111)
11h
40
20
10h
(136)

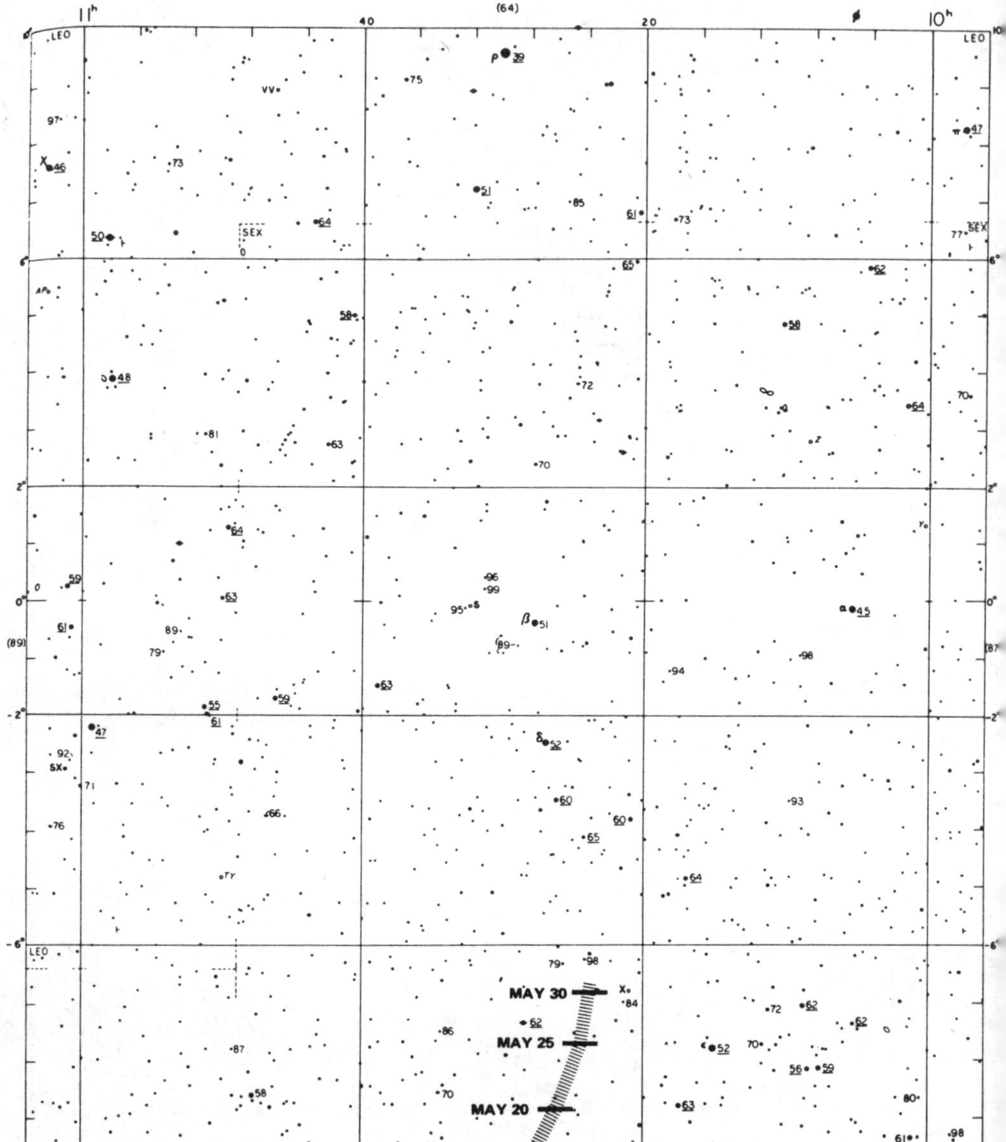
(64)
11h
40
20
10h
LEO
SEX
CRT
6°
2°
0°
-2°
-6°
-10°
(89)
(87)
MAY 30
MAY 25
MAY 20
MAY 17
56
52
48
44
40
36
32
28
24
20
16
12
8
4
(112)

5.2 Ephemeride des Halleyschen Kometen

J. D.	Datum	Nr.	$\alpha_{1950.0}$	$\delta_{1950.0}$	R/AE	Δ/AE	mag.
2446...	1985						
240.5	Jun 24	1	$5^h27^m.6$	+18°03'	3.539	4.532	$15^m.5$
250.5	Jul 4	2	$5^h34^m.1$	+18°19'	3.427	4.374	$15^m.2$
260.5	Jul 14	3	$5^h40^m.7$	+18°32'	3.314	4.197	$14^m.9$
270.5	Jul 24	4	$5^h47^m.2$	+18°44'	3.198	3.991	$14^m.6$
280.5	Aug 3	5	$5^h53^m.5$	+18°55'	3.081	3.761	$14^m.2$
290.5	Aug 13	6	$5^h59^m.4$	+19°04'	2.962	3.510	$13^m.8$
300.5	Aug 23	7	$6^h04^m.6$	+19°13'	2.841	3.238	$13^m.4$
310.5	Sept 2	8	$6^h09^m.0$	+19°22'	2.717	2.949	$12^m.9$
320.5	Sept 12	9	$6^h12^m.0$	+19°32'	2.592	2.646	$12^m.3$
330.5	Sept 22	10	$6^h13^m.1$	+19°45'	2.463	2.332	$11^m.7$
340.5	Okt 2	11	$6^h11^m.2$	+20°02'	2.333	2.011	$11^m.0$
350.5	Okt 12	12	$6^h04^m.6$	+20°27'	2.199	1.689	$10^m.3$
360.5	Okt 22	13	$5^h50^m.3$	+21°03'	2.063	1.374	$9^m.4$
370.5	Nov 1	14	$5^h22^m.5$	+21°47'	1.924	1.077	$9^m.4$
380.5	Nov 11	15	$4^h29^m.9$	+22°12'	1.781	0.821	$7^m.3$
390.5	Nov 21	16	$2^h59^m.1$	+20°19'	1.635	0.654	$6^m.3$
400.5	Dez 1	17	$1^h06^m.8$	+13°43'	1.486	0.632	$5^m.6$
410.5	Dez 11	18	$23^h40^m.9$	+ 6°05'	1.334	0.751	$5^m.3$
420.5	Dez 21	19	$22^h49^m.6$	+ 0°56'	1.180	0.938	$4^m.9$
430.5	Dez 31	20	$22^h18^m.4$	− 2°14'	1.025	1.139	$4^m.4$
	1986						
440.5	Jan 10	21	$21^h56^m.7$	− 4°24'	0.875	1.323	$3^m.7$
450.5	Jan 20	22	$21^h38^m.6$	− 6°13'	0.737	1.468	$2^m.8$
460.5	Jan 30	23	$21^h21^m.1$	− 8°06'	0.632	1.553	$2^m.0$
470.5	Feb 9	24	$21^h02^m.7$	−10°21'	0.587	1.551	$1^m.5$
480.5	Feb 19	25	$20^h44^m.7$	−13°01'	0.622	1.450	$1^m.7$
490.5	Mrz 1	26	$20^h27^m.4$	−16°13'	0.721	1.269	$2^m.4$
500.5	Mrz 11	27	$20^h08^m.5$	−20°20'	0.855	1.039	$3^m.1$
510.5	Mrz 21	28	$19^h39^m.7$	−26°33'	1.005	0.787	$3^m.5$
520.5	Mrz 31	29	$18^h34^m.7$	−37°14'	1.159	0.550	$3^m.7$
530.5	Apr 10	30	$15^h25^m.7$	−47°23'	1.314	0.418	$3^m.9$
540.5	Apr 20	31	$11^h55^m.3$	−32°58'	1.466	0.516	$5^m.1$
550.5	Apr 30	32	$10^h58^m.3$	−19°17'	1.616	0.770	$6^m.6$
560.5	Mai 10	33	$10^h35^m.0$	−12°25'	1.762	1.078	$7^m.9$
570.5	Mai 20	34	$10^h26^m.3$	− 8°50'	1.905	1.404	$8^m.9$
580.5	Mai 30	35	$10^h23^m.9$	− 6°50'	2.045	1.732	$9^m.9$
590.5	Jun 9	36	$10^h25^m.0$	− 5°44'	2.181	2.058	$10^m.6$
600.5	Jun 19	37	$10^h28^m.0$	− 5°11'	2.315	2.375	$11^m.3$

5.3 Glossar

Albedo: Maß für das Rückstrahlungsvermögen zerstreut reflektierender Oberflächen

anisotrop: richtungsabhängig

Aphel: sonnenfernster Bahnpunkt eines Himmelskörpers

Asteroiden: Gruppe von Kleinplaneten - auch Planetoiden genannt -, die vorwiegend zwischen den Bahnen der Planeten Mars und Jupiter anzutreffen sind

Dissoziation: Spaltung einer chemischen Bindung durch Energiezufuhr

Einheit, astronomische: Abk. AE = mittlere Entfernung Erde - Sonne = 1.496×10^8 km

Elektronen: negativ geladene Bausteine eines Atoms

Emission: Aussendung einer Wellen- oder Teilchenstrahlung. Emission und Absorption sind entgegengesetzte Prozesse

Extinktion: Abschwächung der Intensität des Lichtes durch Absorption und Streuung beim Durchgang durch Materie

Exzentrizität, numerische: Quotient aus dem Abstand Brennpunkt - Mittelpunkt (=lineare Exzentrizität) und der großen Halbachse eines Kegelschnitts. Die numerische Exzentrizität besitzt für die Ellipse Werte < 1, für die Hyperbel Werte > 1 und für die Parabel ist $e = 1$

Fotomultiplier: Fotovervielfacher; er wird als empfindlicher Fotometer benutzt

Größenklasse: Maßeinheit für die Helligkeit eines Gestirns. Dabei wird das Zeichen m (von lat. magnitudo = Größe) hinter der Zahlenangabe hochgestellt. Einer Helligkeitsdifferenz von 2.5 mag entspricht ein Intensitätsverhältnis von 1 : 10

Heliometer: Gerät, das zum Messen von Winkelabständen zwischen zwei Sternen sowie zur Bestimmung von Positionswinkeln benutzt wurde. Heute besitzt es nur noch historisches Interesse

heliozentrisch: auf die Sonne als Mittelpunkt bezogen

hyperbolisch: auf einer Hyperbelbahn laufend (vgl. Exzentrizität)

Infrarot: der dem sichtbaren Rot folgende Bereich des elektromagnetischen

Spektrums

Interstellares Medium: Auch im Weltall existiert kein absolutes Vakuum. Am häufigsten treten Wasserstoff und Helium auf, wobei die Konzentrationen allerdings nur bei wenigen Molekülen pro Kubikzentimeter liegen. Sogenannte kosmische Dunkelwolken sind Materieanhäufungen im interstellaren Raum. Sie enthalten neben staubförmigen Bestandteilen eine Reihe von zum Teil interessanten organischen Verbindungen, deren Untersuchung durch die Radioastronomie ermöglicht wurde.

Ionen: geladene Moleküle bzw. Molekülfragmente

Ionencluster: komplexe, aus mehreren Molekülfragmenten zusammengesetzte Ionen

Klathrate: Käfigmoleküle, in denen ein Molekül im Wirtsgitter eines voluminöseren Moleküls eingeschlossen ist

Konjunktion: verallgemeinert: „in einer Richtung"

Massenspektrometer: Ein Gerät zur Aufspaltung und Trennung von Ionen nach deren Massen

Orbiter: ein in einer Umlaufbahn befindlicher Satellit

Parallaxe: (griech. Abweichung); alle Himmelskörper erscheinen von der Erde aus betrachtet, an die Himmelskugel projiziert zu sein. Verändert sich der Beobachtungsort, so ist auch der projizierte Ort an der Himmelskugel verschoben. Diese parallaktische Verschiebung ist umso stärker, je näher das Gestirn und je größer die Ortsveränderung des Beobachters ist.

Perihel: Die Bahnen der Kometen sind Ellipsen unterschiedlicher Exzentrizität. Die Sonne befindet sich in einem der beiden Brennpunkte. Der sonnenfernste Punkt ihrer Bahn wird Aphel, der sonnennächste Perihel genannt. In Sonnennähe verdampft ein Teil der flüchtigen Substanzen des Kometen. In einigen Fällen „überleben" Kometen die Sonnennähe nicht, wie beispielsweise der Komet West, der im Jahre 1976 in vier Teile zerbrach.

Plasma: Gas, dessen Atome bzw. Moleküle sämtlich oder zum Teil ionisiert (geladen) sind

Pleijaden: (Siebengestirn); offener, mit bloßem Auge sichtbarer Sternhaufen im Sternbild Stier

Polarisation: Spezieller Schwingungszustand einer elektromagnetischen Welle, bei der eine bestimmte Schwingungsrichtung vorherrscht

polymer: hochmolekular vernetzt

Polymorphie: Eigenschaft von Stoffen in mehreren kristallinen Formen aufzutreten. Diese unterscheiden sich in ihren physikalischen Eigenschaften und sind unter verschiedenen Druck- und Temperaturbedingungen stabil.

Radikale: Normalerweise kurzlebige Bruchstücke komplexer Moleküle. Im interstellaren Medium können sie jedoch unter Umständen nahezu unbegrenzt stabil sein.

Radioastronomie: Zweig der Astronomie, der sich mit der aus dem Weltall kommenden Radiostrahlung befaßt (Wellenlänge von knapp 1 mm bis etwa 20 m).

Reflektor: Spiegelteleskop

Refraktor: Linsenteleskop

Sensor: Nachweisgerät

Solarwind: Ein beständig von der Sonne ausgehender Teilchenstrom, auch Sonnenwind genannt

Spektrum: Wellenlängenfolge einer elektromagnetischen Stahlung

Stereokomparator: Im Stereokomparator werden zwei verschiedene Aufnahmen derselben Himmelsregion gleichzeitig durch je ein Okular betrachtet. Objekte, die aufgrund ihrer Bewegung auf den beiden Aufnahmen unterschiedlich abgebildet sind, scheinen wie auf einer Stereoaufnahme räumlich aus der Bildebene hervorzutreten.

Swing-by-Technik: Korrekturmanöver, bei dem der Kurs einer Raumsonde durch das Gravitationsfeld eines Himmelskörpers gezielt geändert wird.

Zenit: Der genau senkrecht über dem Beobachter liegende Punkt am Himmel

Zirkumpolare Objekte: Himmelsobjekte, deren Winkelabstand vom sichtbaren Himmelspol kleiner ist als die Höhe des Himmelspols über dem Horizont des Beobachtungsortes. Zirkumpolare Objekte können daher bei der täglichen scheinbaren Bewegung des Himmelsgewölbes nicht unter dem Horizont verschwinden.

5.4 Literaturverzeichnis

Allgemeine Literatur:

Calder, N.: Das Geheimnis der Kometen - Wahn und Wirklichkeit (Umschau-Verlag, Frankfurt/M. 1981)

Hahn, H.-H.: Zwischen den Planeten (Franckh'sche Verlagshandlung, Stuttgart 1984)

Henkel, H. R.: Astronomie (Verlag Harri Deutsch, Thun - Frankfurt/M. 1984)

Wilkening, L. L.: Comets (The University of Arizona Press, Tucson, Arizona 1982)

Wurm, K.: Die Kometen (Springer-Verlag, Berlin - Göttingen - Heidelberg 1954)

Literatur zu Kapitel 1:

Boguslawski: Astronomische Nachrichten 283 (1835) 21

Bohrmann, A.: Max Wolf (Sterne und Weltraum (1963) 124/6)

Cohen, I. B.: Newtons Gravitationsgesetz - aus Formeln wird eine Idee (Spektrum der Wissenschaft, Heft 5 (1981) 101/11)

Encke, J. F.: Astronomische Nachrichten 283 (1835) 21

Gaida, M.: Augenzeugen berichten über Komet Halley (Sterne und Weltraum (1982) 24/5)

Hein, O., Kastl, H.: Zur Geschichte der Kometen-Astronomie (Sterne und Weltraum (1967) 211/13, 238/41, 254/57, 286/88)

Müller, G., Münch, W.: Beobachtungen des Halleyschen Kometen von Seiten des Astrophysikalischen Observatoriums bei Potsdam (Astronomische Nachrichten 185 (1910) 136/38)

Olson, R. J. M.: Giottos Bild vom Halleyschen Kometen (Spektrum der Wissenschaft, Heft 7 (1979) 40/47)

Petri, W.: Der Halleysche Komet im Alten Testament (Sterne und Weltraum (1964) 14/15)

Pfitzner, E.: Georg Samuel Dörffel und der große Komet von 1680/81 (Die Sterne 59 (1983) 270/79)

Stephen, L., Lee, S.: Halley, Edmond (Dictionary of National Biography, London (1890) 104/09)

Teucher, A.: Johann Georg Palitzsch, der gelehrte Bauer aus Prohlis (Sächsische Heimatblätter 4 (1958) 588/94)

Teucher, A.: Palitzsch und der Halleysche Komet (Wissen und Leben 4 (1959) 224/26)

Wöbke, B.: Friedrich Wilhelm Bessel - eine Biographie zum 200. Geburtstag (Sterne und Weltraum (1984) 360/66)

Literatur zu Kapitel 2:

Fechtig, H.: Kometen und ihre Erforschung durch Raumsonden (Naturwissenschaftl. Rundschau 35 (1982) 1/5)

Froböse, R.: Kometen - Urmaterie unserer Welt (Chemie in unserer Zeit 16 (1982) 94/100)

Froböse, R.: Kosmisches Carbin - Realität oder Hirngespinst? (Bild der Wissenschaft, 12 (1984) 150/1)

Froböse, R.: IRAS - der erste Infrarotsatellit (Physik in unserer Zeit 15 (1984) 65/7)

Lüst, R.: Kometen - kosmische Schneebälle? (Naturwissenschaften 66 (1979) 217/20)

Lüst, R.: New Results in Comet Research (Naturwissenschaften 68 (1981) 229/35)

Hanner, M.: Cometary Dust Studied with Infrared Photometry (Naturwissenschaften 70 (1983) 581/5)

Herr, W. et al.: A Contribution to the Riddle about the Origin of Certain Glassy Spherules (Meteoritics (1980) 300)

Rahe, J.: Die Staubproduktion der Kometen (Sterne und Weltraum 16 (1977) 47/53)

Vanysek, V.: Struktur der Kometen (Endeavour 31 (1972) 60/7)

Whipple, F. L.: Background of modern comet theory (Nature 263 (1976) 15/19)

Literatur zu Kapitel 3:

Bortle, J. E., Morris, C. S.: Brighter Prospects for Halley's Comet (Sky & Telescope, Jan. 1984, 9/12)

Bortle, J. E.: Comets and How to Hunt Them (Sky & Telescope, Feb. 1981, 123/5)

Bortle, J. E.: How to Observe Comets (Sky & Telescope, März 1981, 210/4

Brandt, R., Müller, B.: Splittgerber, E.:	Himmelsbeobachtungen mit dem Fernglas (Verlag Harri Deutsch, Frankfurt - Thun 1984)
Drechsel, H., Newburn, R. L.,: Rahe, J.	Die „International Halley Watch" (Sterne und Weltraum, 1984, 440/5)
Edberg, S. J.:	International Halley Watch Amateur Observers' Manual for Scientific Comet Studies (Sky Publishing Corporation, USA)
Güssow, K.:	Komet Halley 1985/86 (Sterne und Weltraum, 1984, 209/11)
Hahn, H. M.:	Komet im Anflug (Bild der Wissenschaft 6, 1983 12/19)
Kammerer, A., Lindner, J.:	Die visuelle Kometenbeobachtung und ihre Auswertung (Sterne und Weltraum 1984 466/70)
Lachmann, H. M.:	CCD - die elektronische Fotoplatte (Bild der Wissenschaft 2, 1984 126/7)
Newburn, R. L., Yeomans, D. K.:	Halley's Comet (Ann. Rev. Earth Planet. Sci. 10, 1982 297/326)
Rahe, J.:	Komet Halley 1985/86 (Sterne und Weltraum 1982 21/4)

Literatur zu Kapitel 4:

Blamont, J., Sagdeer, R. Z.:	The Vega Mission (Naturwissenschaften 71 (1984) 295/302)
Fechtig, H.:	Kometen und ihre Erforschung durch Raumsonden (Naturwiss. Rundschau, 35 (1982) 1/5

Fechtig, H., Rahe, J.: Comets and ESA's Space Mission Giotto to Halley's Comet (Naturwissenschaften 71 (1984) 275/94)

Froböse, R.: Ein Veteran auf Kometenkurs (Bild der Wissenschaft 7, (1984) 14)

Köhler, H. W.: Planet-A: Japans Sonde zu Halley (Sterne und Weltraum, 6 (1984) 298)

Odenwald, M.: Projekt Vega: Sowjetische Mission zu Halley's Komet (Sterne und Weltraum 8-9 (1984) 419)

Reinhard, R.: The Giotto Mission to Halley's Comet (Adv. Space Res. 2 (1983) 97/107)

5.5 Bildquellen

Spektrum der Wissenschaft, Verlagsgesellschaft mbH & Co, Heidelberg (Abb. 1, 3, 4)
Mount Wilson Observatorium, USA (Abb. 5)
Die Sterne, J. A. Barth Verlag, Leipzig (Abb. 9, 13)
Natl. Portrait Gallery, London (Abb. 11)
Ann Ronan Picture Library (Abb. 12, 23)
N. Calder, Geheimnis der Kometen, Umschau-Verlag, Frankfurt/M. (Abb. 10)
Yonsei-Universität, Seoul (Abb. 14)
Sterne und Weltraum, Dr. Vehrenberg GmbH, München (Abb. 15, 16, 29, 36 - 38)
Archiv des MPI für Astronomie, Heidelberg (Abb. 18, 20)
Lick-Observatorium (Abb. 21)
Helwan-Observatorium (Abb. 22)
Chemie in unserer Zeit, Verlag Chemie GmbH, Weinheim (Abb. 24 - 26)

D. Brownlee, Universität Washington, USA (Abb. 28)

NASA (IHW-Zirkular), (Abb. 30 - 34, 43 - 62)

Sky and Telescope, Sky Publishing Corporation, Cambridge, USA (Abb. 35)

ESA (Abb. 39 - 41)

TASS (Abb. 42)

Archiv Froböse (Abb. 2, 6)

5.6 Register